un_focus

La Santé

UNE APPROCHE ÉCOSYSTÉMIQUE

un_**focus**

Les questions d'actualité les plus pressantes qui influent sur le
développement durable, voilà à quoi s'attaque la collection *Un_Focus*
du CRDI. Chaque fascicule distille les recherches du CRDI pour en
tirer les enseignements les plus importants ainsi que les observations
et les recommandations les plus pertinentes pour les décideurs et
les analystes des politiques. Chacun constitue en outre un point de
convergence vers un site web où le CRDI étudie ces questions
plus en profondeur et présente toute l'information que souhaitent
obtenir les lecteurs et internautes de divers horizons. La liste
de tous les sites Un_Focus se trouve à **www.crdi.ca/un_focus**.
On peut aussi parcourir et commander les titres de la collection à
www.crdi.ca/booktique/index_f.cfm

Vous avez des commentaires ? Écrivez-nous à **pub@idrc.ca** .

La Santé

UN APPROCHE ÉCOSYSTÉMIQUE

par **Jean Lebel**

CENTRE DE RECHERCHES POUR LE DÉVELOPPEMENT INTERNATIONAL
Ottawa • Dakar • Le Caire • Montevideo • Nairobi • New Delhi • Singapour

Publié par le Centre de recherches pour le développement international
BP 8500, Ottawa (Ontario), Canada K1G 3H9
http://www.crdi.ca

Catalogage avant publication de la Bibliothèque nationale du Canada

Lebel, Jean, 1963-
  La santé : une approche écosystémique/ Jean Lebel.

Publ. aussi en anglais sous le titre: Health, an ecosystem approach.

ISBN 1-55250-013-6

1. Hygiène du milieu.
2. Hygiène du milieu — Recherche.
3. Santé publique.
I. Centre de recherches pour le développement international (Canada)
II. Titre.

RA565.L4214 2003   363.7   C2003-902435-0

Les Éditions du CRDI s'appliquent à produire des publications qui respectent l'environnement. Le papier utilisé est recyclé et recyclable; l'encre et les enduits sont d'origine végétale.

Ce livre, dont le texte intégral est disponible en ligne à www.idrc.ca/booktique, sert également de référence au site web du CRDI sur l'approche écosystémique de la santé humaine : www.crdi.ca/ecohealth.

Table des matières

Peut-on vivre en santé dans un monde malade? L'exploitation de l'environnement génère sa part de désastres écologiques apparents ou sournois mais l'humain n'est pas qu'une victime, il participe aussi à ce déséquilibre de l'environnement. Ainsi, la santé de l'humain est étroitement liée à la santé de l'écosystème. Adopter l'approche ÉcoSanté, c'est remettre l'humain au centre des préoccupations, reconnaître son influence sur l'environnement et sa propre capacité à améliorer le bilan de santé des populations.

La réconciliation de la santé des écosystèmes avec celle de leurs habitants exige un nouveau cadre de recherche, un cadre qui accueille à la fois des scientifiques, des membres des communautés et des représentants des autorités et des groupes intéressés. Ce chapitre décrit trois piliers méthodologiques : transdisciplinarité, participation communautaire et genre et équité.

Chapitre 3. Les apprentissages et les succès ➤ **31**

L'approche ÉcoSanté a confirmé son potentiel dans trois grandes catégories de situations posant d'énormes défis à la santé des écosystèmes et des humains, particulièrement dans les pays en développement: l'exploitation minière, l'agriculture et le milieu urbain.

Chapitre 4. Recommandations et orientations ➤ **57**

L'approche écosystémique de la santé humaine pose des défis aux scientifiques, aux communautés et aux décideurs. Ces derniers se voient proposer une manière d'améliorer l'environnement et la santé en faisant participer tous les intervenants à la recherche de solutions concrètes, accessibles et durables.

Préface

ÉcoSanté enfin!

Pour un écologiste de la première heure, l'émergence de l'écosanté marque un pas historique. Il s'agit bien de l'appropriation des connaissances et des méthodes de l'écologie par le secteur prescriptif des sciences sociales. En effet, jusque dans les années 1950, l'écologie subissait le monopole de la biologie. Le Programme biologique international (PBI) l'avait bien confirmé en continuant de traiter exclusivement des relations des plantes et des animaux avec leur milieu à l'état dit « sauvage ». La position du PBI se justifiait du fait que très peu de travaux de recherche proprement écologiques se situaient dans des espaces contrôlés par l'homme.

L'écologie forestière avait pourtant fait ses preuves, même si elle était un peu hypothéquée par des considérations économiques. L'écologie agricole n'en menait vraiment pas large. L'écologie humaine, malgré l'excellence du traité de son fondateur, Thomas Park en 1924, demeurait dans l'ombre. L'écologie urbaine n'existait pratiquement pas.

Il aura fallu attendre l'incursion dramatique des anthropologues, des sociologues, des économistes, des architectes et des urbanistes pour rompre le monopole de la Biologie. Cette science maîtresse, à l'instar de la Physique, était plongée « au coeur de la matière », dans la biologie moléculaire. Botanistes et zoologistes ne respiraient plus l'air maritime, ne se mouillaient plus les pieds, ne se prêtaient plus à la chaleur tropicale ni à la froidure alpine. Ils semblaient croire que les tâches de la taxonomie et de l'écologie de terrain étaient terminées.

Les sciences humaines, d'autre part, s'appropriaient très pertinemment l'arsenal des faits et des processus découverts par les écologistes et des interprétations qu'ils proposaient. Lors d'un symposium (*Future Environments of North America*) de la Conservation Foundation de Washington, en 1965, le grand économiste Kenneth Boulding s'est exclamé avec véhémence : « Vous autres, écologistes, vous ne savez pas quelle bonne affaire vous avez en mains! »

La santé n'est pas l'absence de maladie dans la perspective de Jean Lebel. Elle se définit plutôt par une participation harmonieuse aux ressources de l'environnement, qui dispose les individus à un plein exercice de leurs fonctions et de leurs aptitudes. Elle ne saurait se maintenir si les exploitants que nous sommes n'assument pas pleinement la responsabilité d'une économie vigilante.

La génération actuelle est en passe d'entamer dangereusement l'héritage de ses descendants. Le texte qu'on va lire dessine bien les ravages qu'on constate à l'échelle de la planète. Il met l'accent sur le secours que le CRDI apporte, aux quatre coins de la planète, à des espaces où la croissance incontrôlée des naissances met en échec une sagesse traditionnelle qui doit maintenant s'ajuster aux perceptions de la science.

On est loin, ici, du paternalisme missionnaire. Cependant, on aurait peut-être apprécié une mise en parallèle de la problématique environnementale des pays industrialisés, avec leurs succès et leurs échecs, avec celle du Tiers-Monde, qui doit faire l'économie de nos erreurs de parcours.

La lecture de ce livre se révèle si profitable qu'on est porté à en redemander. Que l'auteur se mette davantage en scène, on ne le lui reprocherait pas. Qu'il retrace son propre itinéraire pour mettre en perspective l'arrière-plan des réalisations canadiennes.

Dans une époque où l'aide des pays industrialisés aux pays pauvres vise l'augmentation de leur pouvoir d'achat et non pas un réinvestisssement des profits réalisés, il est fort utile de lire un compte rendu aussi objectif que celui-ci. Jean Lebel, acteur et témoin, nous offre donc une analyse très novatrice!

L'ENJEU

Pierre Dansereau
Professeur d'écologie
Institut des sciences de l'environnement
Université du Québec à Montréal

Pierre Dansereau, professeur émérite d'écologie à l'Université du Québec à Montréal, a poursuivi une longue carrière, depuis les années quarante, comme professeur et comme chercheur. Il aura occupé divers postes aux universités de Montréal, du Michigan, de Columbia (New York), de Lisbonne, de Dunedin (Nouvelle-Zélande). Il a été sous-directeur du Jardin Botanique de New York. Il est l'auteur de plusieurs livres et autres publications dans les domaines de la taxonomie et de la génétique végétales, de l'écologie végétale, de la biogéographie et de l'écologie humaine.

Avant-propos

La santé ne peut être considérée de manière isolée. Elle est étroitement liée à la qualité de l'environnement dans lequel les gens évoluent : pour vivre en bonne santé, les humains ont besoin d'environnements sains.

Fruit de longues années de collaboration entre le Canada et les pays du Sud, le programme Écosystèmes et santé humaine du Centre de recherches pour le développement international (CRDI) est une réponse novatrice aux problèmes de santé humaine résultant de la transformation ou d'une gestion à risque de l'environnement ou de la santé. Ce programme s'appuie sur une démarche appelée « approche écosystémique de la santé humaine » ou approche ÉcoSanté.

L'objet de ce livre est de présenter la démarche ÉcoSanté, de donner des exemples de son application et de tirer quelques leçons à l'intention des autorités susceptibles de favoriser son utilisation. L'approche écosystémique de la santé humaine place l'être humain au centre des préoccupations. À travers le maintien ou l'amélioration de l'environnement, la démarche ÉcoSanté se fixe comme objectif d'améliorer de façon durable la santé humaine. Ses artisans travaillent à la fois pour les gens et pour l'environnement.

Au CRDI, le programme Écosystème et santé humaine marque l'évolution d'années de soutien à des recherches en santé. Au début, les recherches appuyées étaient biomédicales : vaccins, lutte contre les maladies et contraception. Par la suite, on a pris en compte l'environnement et la communauté. En 1990, le programme s'intitulait Santé, société et environnement. Des spécialistes de différentes disciplines travaillaient ensemble, à améliorer la santé humaine, sans se préoccuper d'améliorer l'environnement.

Le programme ÉcoSanté a été créé en 1996. Il s'agissait d'un programme innovateur au CRDI. ÉcoSanté proposait de convier des scientifiques, des décideurs et des membres des communautés à améliorer la santé de la communauté à travers une amélioration de l'environnement. C'était les débuts de l'adoption d'une approche résolument transdisciplinaire dans un programme du CRDI. Depuis, le programme a généré des travaux en Amérique latine, en Afrique, au Proche-Orient et en Asie. Quelques 70 projets ont été développés dans une trentaine de pays.

La démarche ÉcoSanté est anthropocentrique : l'aménagement de l'écosystème est centré sur la recherche d'un équilibre avantageux pour la santé et le bien-être des personnes et non pas uniquement sur la protection de l'environnement. Son objectif n'est pas de préserver l'environnement comme il était avant l'arrivée de communautés humaines. La présence des humains crée une nouvelle dynamique où les aspirations sociales et économiques des gens doivent être considérées, d'autant plus qu'ils ont le pouvoir de contrôler, de développer et d'utiliser de manière durable ou même d'abuser de leur environnement. Voilà un aspect original de cette approche.

Autre élément d'originalité: la mise en place d'une démarche de recherche avec des acteurs qui ne sont pas uniquement des scientifiques afin de générer un savoir qui peut s'intégrer dans la vie des gens. L'efficacité et la durabilité de ces interventions sont au cœur de nos préoccupations. Le défi consiste à satisfaire les besoins humains sans altérer ni mettre en danger l'écosystème à long terme et idéalement en l'améliorant.

L'ENJEU

De nombreuses demandes nous ont convaincus de l'importance de présenter notre approche écosystémique de la santé humaine. Il s'agit du but premier de ce livre. Nous souhaitons présenter quelques résultats de recherche et, à partir de ceux-ci, contribuer au développement d'une vision et d'outils utilisables par les décideurs pour développer des politiques sanitaires et environnementales, en collaboration avec les communautés.

Je remercie chaleureusement tous les membres de l'équipe Ecosystèmes et santé humaine du CRDI, et particulièrement la contribution de Roberto Bazzani, Ana Boischio, Renaud De Plaen, Kathleen Flynn-Dapaah, Jean-Michel Labatut, Zsofia Orosz, Andrés Sanchez, à ce livre, de même que celle de Gilles Forget et Don Peden aux premières années de notre programme. Je suis reconnaissant à tous les participants des projets ÉcoSanté à travers le monde qui ont contribué à développer l'approche écosystémique de la santé humaine et qui déploient d'importants efforts pour la mettre en pratique. Sans leur participation, il aurait été impossible de réaliser cette publication. Enfin je suis reconnaissant à l'endroit de Danielle Ouellet, directrice de la revue *Découvrir* (Montréal), qui a produit la première version, et de Jean-Marc Fleury et de son équipe de la Division des communications du CRDI qui ont eu la patience de mener la publication à bon port.

Jean Lebel

Jean Lebel a complété une maîtrise en santé du travail et obtenu un diplôme d'études avancées en hygiène du travail à l'Université McGill, à Montréal, et il est détenteur d'un Ph.D. en sciences environnementales (1996) de l'Université du Québec à Montréal (UQAM). Jean Lebel est actuellement chef d'équipe de l'Initiative de programme Écosystème et santé humaine du CRDI. Spécialisé en santé environnementale, il a passé une importante partie des quatre années qui l'ont mené au doctorat en Amazonie brésilienne. Avec une équipe de recherche transdisciplinaire, il s'y est intéressé aux effets des taux peu élevés de contamination, en particulier du mercure, sur la santé humaine. En avril 2001, il a reçu le premier Prix Reconnaissance UQAM, de la Faculté des sciences, pour avoir « fait œuvre de pionnier en aidant les pays en développement à préserver l'équilibre de leurs écosystèmes et à assurer la santé de leurs populations ».

Chapitre premier

L'enjeu

Peut-on vivre en santé dans un monde malade? Quelle sorte d'environnement allons-nous léguer à nos enfants? Comment exploiter des ressources non renouvelables sans conséquences néfastes pour la santé? Quels sont les compromis réalistes entre les bénéfices à court terme apportés par l'exploitation des milieux naturels et les coûts à long terme pour l'environnement et la santé? Comment vivre dans des villes surpeuplées sans s'empoisonner mutuellement?

Dans les régions montagneuses des Andes, de l'Himalaya ou d'Éthiopie, des paysans pauvres arrachent au sol de quoi se nourrir et parfois un surplus pour vendre sur le marché. Leur mode d'exploitation conduit souvent à une dégradation des sols et parfois à un empoisonnement collectif par mauvaise utilisation des pesticides. En Amazonie, les familles défrichant leur lopin de terre arraché à la forêt libèrent un mercure emprisonné dans les sols depuis des centaines de milliers d'années. Au terme d'un long processus, ce mercure se retrouve sous une forme toxique dans leur corps et celui de leurs enfants. Les habitants de Mexico et de Katmandou, malgré leur pauvreté ou à cause de leur pauvreté, produisent suffisamment de pollution pour réduire leur espérance de vie. Dans les régions minières des Andes ou de l'Inde, l'activité minière fournit les indispensables emplois, mais parfois au prix d'une contamination toxique des sols et de l'alimentation des mineurs et de leurs familles.

Dans les pays en développement, de nouveaux effets désastreux liés à l'industrialisation ou à la modernisation viennent exacerber les traditionnelles tensions environnementales de la déforestation et du surpâturage. Les écosystèmes en subissent les assauts conjugués. Au départ, l'exploitation d'un écosystème en diminue nécessairement la capacité de rebondir ou résilience. Lorsqu'il doit subvenir aux besoins d'une population en forte croissance et réduite à adopter des stratégies de survie, la diminution de résilience peut être fatale. Avant d'en arriver là, une suite de mécanismes pervers peut s'enclencher, mettant à risque la santé des populations.

L'enjeu dans lequel s'inscrit l'approche écosystémique de la santé humaine, l'approche ÉcoSanté, n'est rien de moins que la place de l'humain dans son environnement. Comme le dit Mariano Bonet, leader d'un projet de réhabilitation du plus vieux quartier de La Havane : « L'approche ÉcoSanté reconnaît qu'il y a des liens inextricables entre les humains et leurs environnements bio-physique, social et économique et que ces liens se répercutent sur la santé des individus. »

L'approche écosystémique de la santé humaine s'inscrit dans le cadre de l'évolution de l'écologie dans la seconde moitié du 20e siècle. L'évolution de cette science a influencé la réflexion de médecins comme le docteur Bonet, mais aussi de nombreux spécialistes, dont des environnementalistes, urbanistes, agronomes, biologistes et sociologues, aussi bien dans les pays en développement que dans les pays industrialisés. Au départ, l'écologie a adopté une perspective fortement axée sur les aspects biophysiques d'un écosystème. D'ailleurs, certains envisagent encore l'écologie comme un moyen de rétablir les écosystèmes dans leur état primitif. Mais, confrontés à la présence de 6,3 milliards d'habitants, en route vers 9 à 10 milliards d'ici 50 ans, difficile de faire abstraction des humains comme partie prenante des écosystèmes. Finalement, de plus en plus, on accepte d'inclure les communautés humaines dans leur description.

Pour les artisans d'une vision globale, l'humain et ses aspirations, son univers culturel, social et économique sont au cœur de l'écosystème, au même titre que les paramètres biophysiques. Le vivant et le non vivant interagissent vers un équilibre dynamique qui, mieux maîtrisé, devrait assurer un développement durable des communautés humaines.

De Stockholm à Johannesburg

En 1972, pour la première fois, l'environnement s'inscrit à l'ordre du jour mondial à l'occasion de la Conférence des Nations unies sur l'environnement à Stockholm. C'est là que naît la notion d'éco-développement. En 1987, le rapport Brundtland lance la notion de développement durable, soit « un développement qui satisfait les besoins de la génération actuelle sans priver les générations futures de la possibilité de satisfaire leurs propres besoins. » On s'attarde au rôle des populations dans les modifications de leur environnement, mais il faut attendre encore cinq ans avant qu'on fasse le lien avec la santé humaine lors d'une grande conférence internationale.

À Rio de Janeiro, en 1992, la Conférence des Nations unies sur l'environnement et le développement met de l'avant la notion de développement durable et précise la place des hommes et des femmes dans un tel développement : « Les êtres humains sont au centre des préoccupations relatives au développement durable. »

Le Plan d'Action 21, adopté au Brésil à cette occasion par les gouvernements de 185 pays, reconnaît le lien étroit entre la santé et l'environnement. Action 21 consacre un chapitre à la protection et à la promotion de la santé. Si les gens ne sont pas en santé, il ne peut y avoir de développement durable. Action 21 met en évidence les liens entre la pauvreté et le sous-développement, d'une part, et la protection de l'environnement et la gestion des ressources naturelles, d'autre part. Cette notion nouvelle retient l'attention mondiale. Action 21 identifie aussi les nombreux partenaires de la mise en œuvre de ces mesures : les enfants, les femmes, les jeunes, les populations autochtones, les travailleurs, les agriculteurs, les scientifiques, les enseignants, les entrepreneurs, les décideurs et les organisations non gouvernementales.

Le Sommet mondial de Johannesburg, en août-septembre 2002, met beaucoup plus l'accent sur les aspects sociaux et économiques du développement durable. La santé est une des cinq priorités. L'Organisation mondiale de la santé (OMS) a pris la responsabilité d'un plan d'action sur la santé et l'environnement. Ce plan d'action traite de plusieurs questions à la confluence de la santé, de l'environnement et du développement, dont la contamination de l'eau, la pollution de l'air et la gestion des produits toxiques.

Le programme Écosystème et santé humaine du CRDI participe à cette évolution vers une préoccupation accrue des liens entre la santé et l'environnement. Le programme s'est construit à la croisée des chemins du développement des pratiques dans les domaines de la santé publique et de la santé des écosystèmes. Il s'agit d'une approche globale et dynamique qui évolue à partir de l'expérience de partenaires du Sud et du Nord œuvrant sur des problématiques de développement affectant les populations.

Santé des écosystèmes = santé des humains

Les découvertes en santé et les progrès des techniques curatives ont fait chuter considérablement l'incidence des maladies infectieuses dans les pays industrialisés et, en moindre proportion, dans les pays en voie de développement. Cette approche biomédicale de la santé repose sur des méthodes de diagnostic et de traitement de pathologies spécifiques : un pathogène = une maladie. Par contre, cette approche ne tient pas suffisamment compte des liens entre la maladie et les facteurs socioéconomiques comme la pauvreté et la malnutrition et encore moins des liens entre la maladie et l'environnement dans lequel évolue le malade. Quant à l'influence des facteurs culturels sur les comportements à risques et la vulnérabilité particulière de certains groupes, le monde de la santé ne s'en soucie encore que trop peu.

Malgré quelques progrès, des facteurs environnementaux affectent encore dramatiquement la santé de nombreuses populations. Selon l'OMS, trois millions d'enfants meurent chaque année de causes liées à l'environnement et plus d'un million d'adultes succombent à des maladies ou à des blessures résultant de leurs conditions de travail. Entre 80 et 90 p. 100 des cas de diarrhée sont attribuables à des causes environnementales. Dans les pays en développement, entre 2 et 3,5 milliards de personnes utilisent des combustibles émettant des fumées et des substances nocives. Dans les zones rurales, des pratiques inadéquates d'élevage entraînent la prolifération de maladies transmissibles par les animaux et une résistance aux antibiotiques.

Les méthodes traditionnelles de contrôle ont à bien des égards échoué à améliorer les conditions sanitaires, la santé et le bien-être d'une grande partie de la population des pays du Sud. Ces échecs interpellent les scientifiques, les gouvernements, les organisations internationales et les donateurs. Il faut réviser les programmes et les politiques et aller au-delà des pratiques conventionnelles en santé. Pour commencer, il faut examiner les écosystèmes par-delà leurs caractéristiques biophysiques.

Au-delà du biophysique

C'est tout un défi de prédire les conséquences sur la santé des interactions entre les composantes hétérogènes des écosystèmes. Tous s'accordent pour dire que ces interactions sont complexes et exigent de la part des chercheurs une révision des méthodes de recherche et une ouverture d'esprit à de nouvelles démarches de collaboration, si on veut couvrir plus large que la seule sphère biophysique.

D'abord, l'importance de l'environnement, surtout dans la vie des populations du Sud, n'est plus à démontrer. En Afrique du Nord, 70 p. 100 des plantes sauvages ont des usages domestiques dont la médication et l'alimentation. Malgré son importance, la forêt africaine, qui couvre 22 p. 100 du territoire, a perdu plus de 50 millions d'hectares, entre 1990 et 2000. De son côté, l'Amérique latine a « contribué » 190 des 418 millions d'hectares de forêts disparues dans le monde au cours des trente dernières années. La perte de diversité biologique associée à ces disparitions peut avoir des conséquences pour la santé : environ 75 p. 100 de la population mondiale utilise des médicaments traditionnels provenant directement de sources naturelles. Dans les « nouveaux » environnements urbains, les réseaux d'égouts, lorsqu'ils existent, débordent sous l'assaut des déchets domestiques et industriels, alors que la population urbaine augmente de 2 p. 100 par année.

Dans ce contexte, impossible d'améliorer l'environnement sans inclure les humains, avec leurs préoccupations sociales, culturelles et économiques, dans la gestion des ressources (figure 1). En effet, plus on tente de stabiliser un écosystème par des interventions externes, irrigation, drainage, fertilisants ou pesticides, plus on diminue le pouvoir intrinsèque de régénération de l'écosystème. Une gestion conjointe de l'activité humaine et de l'environnement s'impose, la gestion sectorielle ne suffit plus. Ce défi

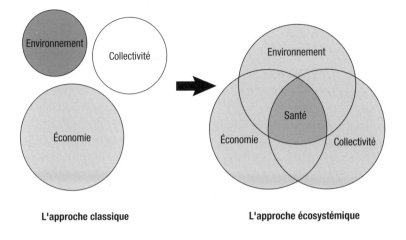

L'approche classique — L'approche écosystémique

Figure 1. L'approche écosystémique accorde autant d'importance à une bonne gestion de l'environnement qu'aux facteurs économiques et aux aspirations de la communauté dans la gestion des ressources. L'approche classique donne habituellement priorité aux questions économiques et aux projets de la communauté, au détriment de l'environnement (adaptée de Hancock, 1990).

exige un rapprochement des disciplines pour l'étude de la relation « humain-environnement. »

L'économie, l'environnement et les besoins de la communauté agissent tous sur la santé d'un écosystème. Mettre l'accent exclusif sur l'un d'entre eux au détriment des autres compromet sa durabilité. L'approche ÉcoSanté s'inscrit donc dans une démarche de développement durable. Elle favorise des actions positives sur l'environnement qui augmentent le bien-être et améliorent la santé des communautés. L'approche ÉcoSanté pose comme hypothèse que les programmes qu'elle inspire seront moins coûteux que bien des soins médicaux et des interventions en santé primaire.

Les sociétés et leurs dirigeants se trouvent devant les enjeux suivants : recourir à des moyens simples, rapides et parfois dispendieux pour faire face à des problèmes complexes mais qui ont conduit bien souvent à des échecs — comme l'utilisation du DDT comme solution miracle pour combattre le paludisme (ou malaria) — ou investir dans l'efficacité socio-économique à long terme du développement durable. Il faut aller au-delà de la perspective sanitaire et environnementale afin de résoudre avec tous les acteurs les sources de dégradation de l'environnement qui affectent notre santé.

Chapitre 2

Les voies de la recherche

La réconciliation de la santé des écosystèmes avec celle de leurs habitants exige un nouveau cadre de recherche, un cadre qui accueille à la fois des scientifiques, des membres des communautés et des représentants des autorités et des groupes intéressés.

Le nouveau cadre de recherche proposé dans ce livre s'appelle « approche écosystémique de la santé humaine », en bref, ÉcoSanté. Ce chapitre décrit l'approche écosystémique de la santé. Mais avant de la décrire, il s'impose de souligner que chaque activité ou projet ÉcoSanté doit nécessairement impliquer trois groupes de participants. Il y a d'abord le groupe des spécialistes ou scientifiques. Il y a ensuite le groupe des membres de la communauté, les citoyens ordinaires, paysans, pêcheurs, mineurs ou citadins. Quant au troisième groupe, celui des personnes qui ont un pouvoir décisionnel, il comprend aussi bien les décideurs informels, ceux dont le savoir, l'expérience et la réputation leur confèrent un pouvoir dans la communauté, que les représentants des autorités ou des divers groupes d'intérêt. Chaque activité ÉcoSanté se donne comme objectif d'inclure ce trio de joueurs-clés.

En plus de requérir la participation de ces trois groupes, l'approche écosystémique de la santé humaine s'appuie sur trois piliers méthodologiques : la transdisciplinarité, la participation et l'équité.

La transdisciplinarité propose une vision inclusive des problèmes de santé liés aux écosystèmes. Cette vision fait appel à la participation des trois groupes décrits plus haut et légitime leur participation pleine et entière.

La participation instaure une concertation au sein de la communauté, à l'intérieur du cercle des scientifiques et parmi les décideurs, mais aussi entre tous ces groupes.

Quant à l'équité, on cherche à l'atteindre en analysant les rôles respectifs des hommes, des femmes et des divers groupes sociaux. Hommes et femmes ont des responsabilités différentes et leur degré d'influence sur les décisions varie. D'où l'importance de tenir compte du genre dans l'accès aux ressources. De leur côté, castes, ethnies et classes sociales vivent dans des univers encore plus isolés les uns par rapport aux autres. Cet isolement a ses répercussions sur l'accès aux ressources et la santé.

Les sections qui suivent présentent chacun de ces trois piliers et les illustrent par des exemples.

Un cadre transdisciplinaire

Lorsque des scientifiques de disciplines différentes associent à leur démarche des individus de la communauté qu'ils étudient et des décideurs, on dit qu'ils travaillent dans un cadre transdisciplinaire.

En s'affichant transdisciplinaires, les scientifiques envoient un message : ils étudieront les diverses facettes d'un problème en associant étroitement la population et les décideurs à leurs travaux.

Transformer des questions sociales en questions compréhensibles par une démarche scientifique, permettre aux communautés de s'exprimer sur ce qu'elles attendent des scientifiques et des décideurs, produire des solutions « socialement robustes », telles sont quelques-unes des promesses de la transdisciplinarité.

En plus de celle des chercheurs, la transdisciplinarité suppose la présence de représentants des communautés et de différents acteurs ayant non seulement une connaissance du problème étudié mais aussi un rôle et un intérêt dans sa solution. Ces « non-scientifiques » font souvent partie d'une ONG ou d'agences gouvernementales. La transdisciplinarité leur donne un droit de parole. Ils peuvent alors faire part de leurs expériences, de leurs connaissances et de leurs attentes.

L'approche transdisciplinaire se distingue de la recherche unidisciplinaire qui caractérise les sciences expérimentales comme la chimie et la physique, ou les sciences théoriques comme les mathématiques. Elle diffère de l'interdisciplinarité où l'on étudie des phénomènes à l'intersection de deux disciplines habituellement proches, comme la biologie et la chimie qui donnent naissance à la biochimie. Il ne s'agit pas non plus de multidisciplinarité où des chercheurs de différentes disciplines travaillent côte à côte en enrichissant leur compréhension de l'apport des collègues, mais où la concertation ne conduit pas nécessairement à des interventions intégrées.

La complexité des interactions entre les différentes composantes économiques, sociales et environnementales d'un écosystème nécessite des stratégies de recherches intégrantes qui vont au-delà du cadre multidisciplinaire (figure 2).

L'APPROCHE

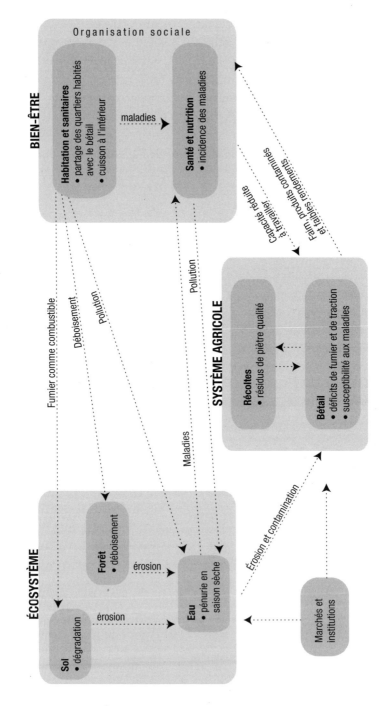

Figure 2. Les multiples liens reliant le bien-être des habitants de Yubdo-Lagabato (Éthiopie) à l'écosystème agroécologique (adaptée de ILRI, 2001).

La transdisciplinarité permet aux chercheurs de différentes disciplines et aux acteurs-clés de rallier une vision commune tout en gardant la richesse et la force de la perspective de leurs domaines de connaissances. Et cela dès le départ d'un projet afin d'éviter la conduite d'études en parallèle avec une mise en commun des résultats seulement à la fin. L'intégration des connaissances et l'adoption d'un langage commun s'effectuent au moment de la définition du problème. C'est là le cœur de l'approche transdisciplinaire.

Définir un langage commun

L'exemple de la pollution par le mercure en Amazonie illustre bien la contribution de la transdisciplinarité (voir encadré 9, p. 54). Les premières recherches abordaient le problème sous l'angle minier. Les experts ont concentré toute leur attention sur l'exploitation à petite échelle de gisements d'or où l'on utilisait du mercure pour séparer l'or des sédiments. Or, on s'est aperçu que l'exposition au méthylmercure, un dérivé toxique du mercure, ne diminuait pas en s'éloignant des mines. C'est grâce à l'apport de spécialistes des pêches, de l'écologie aquatique, de la toxicologie, de l'agriculture, de la santé humaine, des sciences sociales et de la nutrition, ainsi que la participation des communautés, qu'on a finalement découvert que les pratiques agricoles expliquaient cette situation.

Dans ce cas, l'application d'un cadre transdisciplinaire ne s'est pas faite au tout début du projet, mais progressivement. Les expériences poursuivies par l'équipe de recherche dans l'intégration des connaissances des spécialistes, des populations et des acteurs locaux ont petit à petit instauré une démarche transdisciplinaire.

Les projets appuyés dans le cadre du programme ÉcoSanté ont souvent débuté avec des équipes multidisciplinaires. Ceci a été un moyen important d'atteindre la transdisciplinarité. Ces projets ont élargi les horizons de plusieurs chercheurs habitués à se concentrer sur leur discipline, en parallèle avec d'autres. Mais en dépit de ces progrès, l'élargissement des problématiques de recherches n'aboutit pas toujours à la transdisciplinarité. Plusieurs projets ont commencé par enfanter de résultats somme toute classiques : on posait un diagnostic de dégradation environnementale ou de santé humaine sans proposer de mesures concrètes d'amélioration de la santé. Qui plus est, les populations participantes se retrouvaient à maints égards simples fournisseuses de renseignements plutôt qu'actrices à part entière.

Depuis 1997, le CRDI appuie donc systématiquement l'organisation d'ateliers pré-projets. On donne ainsi l'occasion aux spécialistes, aux représentants des organisations locales et aux membres de la communauté de mettre leurs connaissances et leurs intérêts en commun. Ce brassage d'informations, d'idées et de revendications permet de définir des objectifs de recherche répondant aux véritables priorités de la communauté. En même temps, l'atelier précise les attentes, car il est tout aussi important de dire ce que les gens n'obtiendront pas. Une fois que la communauté accepte qu'on ne construira pas un hôpital et qu'on n'ira pas demander de nouvelles subventions, il devient plus facile de s'entendre sur ce que la communauté retirera du projet.

L'un de ces ateliers, organisé dans la région de Mwea, au nord de Nairobi, au Kenya, a été déterminant dans un projet de lutte contre le paludisme (voir encadré 6, p. 44). Un premier atelier a rassemblé 23 représentants de 17 organisations gouvernementales, communautaires, rizicoles et confessionnelles.

Plusieurs questions complexes étaient en jeu et aucune discipline ne suffisait pour apporter l'éclairage nécessaire à l'amélioration de la situation environnementale et sanitaire. Des spécialistes de huit secteurs différents ont composé l'équipe scientifique : un pathologiste, un médecin parasitologiste, un spécialiste de la santé publique, un agronome, un vétérinaire, un anthropologue, un sociologue et un statisticien. Une fois les problèmes bien définis, les membres de l'équipe ont intégré leurs connaissances et leur savoir-faire au programme de recherche. Chacun a dû, transdisciplinarité exige, travailler avec des représentants d'autres disciplines et intégrer les connaissances et les préoccupations des partenaires non scientifiques.

Fait à remarquer : pour s'attaquer à un problème comme le paludisme, la composition d'une équipe transdisciplinaire peut varier d'un endroit à l'autre. Bien sûr, il y aura toujours des moustiques. Par contre, l'histoire socioculturelle et politique sera rarement la même. L'équipe de recherche variera donc selon les besoins. D'où l'importance d'une bonne préparation, processus qui peut s'étendre sur un ou deux ans.

Afin d'amorcer le processus, les ateliers pré-projets ont fait leurs preuves en réunissant dès le début, scientifiques, membres de la communauté et acteurs politiques. Un atelier réunit les spécialistes et les porte-parole des groupes les plus pertinents. Ensemble, ils définissent une vision et un langage commun qui facilitent ensuite la traduction des résultats de la recherche en interventions applicables et durables. Amateurs de cataplasmes sociaux et environnementaux s'abstenir : l'investissement préliminaire en préparatifs d'un projet ÉcoSanté risque de tester votre patience.

La mesure du succès d'un atelier pré-projet passe par la facilité avec laquelle les équipes démarrent. Par exemple, dans la région du Fayoum, en Égypte, l'équipe d'un projet sur les liens entre le paludisme et les pratiques agricoles a rencontré d'importantes difficultés d'ordre conceptuel au démarrage. L'atelier pré-projet leur a donné l'occasion d'intégrer des aspects sociaux, anthropologiques, économiques, comportementaux, épidémiologiques, pédologiques, microbiologiques, hydriques, sanitaires ainsi que politiques à leur problématique. Ils ont pu alors repenser leur projet et dépasser un cadre strictement agronomique et écotoxicologique pour adopter une vision plus globale de la situation.

L'APPROCHE

Après une consultation auprès des citoyens, une problématique initialement exclusivement centrée sur le paludisme a pris en compte deux autres problèmes tout aussi importants: la présence de parasites gastro-intestinaux et de bilharziose.[1]

De plus, les représentants des ministères de la Santé et de l'Agriculture ont manifesté un grand intérêt en raison de la prise en considération de leurs connaissances dans la définition du projet. Enfin, une ONG locale a vu dans ce projet une excellente opportunité de lier le développement social, qui constitue sa principale raison d'être, avec le développement durable de l'écosystème local. Les représentants de cette ONG sont rapidement devenus les moteurs du projet sur le terrain.

En moins d'un an, cette équipe transdisciplinaire a mis en marche un projet de recherche mobilisant près de 2000 personnes, le cinquième de la population du village. Ces personnes constituent un échantillonnage très représentatif sur lequel on mesure les prévalences du paludisme, de la schistosomiase et de parasites gastro-intestinaux, tous les six mois. L'équipe intègre ces données aux analyses du déficit hydrique et de l'érosion et de la salinisation des sols. On les analyse aussi en fonction des caractéristiques socio-économiques et politiques des groupes de la communauté.

Les premiers résultats montrent que les pratiques agricoles, traditionnellement reconnues comme étant la cause de ces maladies, ne sont pas les seules responsables. En effet, on note un lien direct entre les cas de bilharziose et de gastro-entérite avec la proximité des lieux de fabrication de briques, en boue séchée au soleil ou au four, qui sont nombreux dans la région. Les enfants qui travaillent dans ces ateliers montrent des taux de prévalence largement supérieurs aux autres groupes.

---

[1] La bilharziose, ou schistosomiase, est une infection parasitaire atteignant l'intestin, le foie, les vaisseaux sanguins ou l'appareil urinaire.

Les scientifiques s'accordent pour dire que l'expérience acquise au cours des ateliers pré-projets explique en partie ces premiers succès d'un projet utilisant une approche écosystémique de la santé humaine.

Les défis de la transdisciplinarité

Même si, en théorie, la transdisciplinarité a ses lettres de noblesse chez les scientifiques, elle n'en demeure pas moins un défi pour chaque projet ÉcoSanté. Dépasser les limites de sa propre discipline exige une grande capacité de synthèse et une ouverture aux limites et aux forces des autres. Pour réussir l'aventure de la transdisciplinarité, il faut définir un protocole de recherche transdisciplinaire (encadré 1), trouver des moyens d'intégrer la communauté dans la définition même du problème et accorder une place appropriée aux différents éléments de l'écosystème.

La composition de l'équipe et l'organisation du travail entre les membres issus d'univers extrêmement différents posent toujours un grand défi. Dans le domaine agricole, par exemple, la composition des équipes de recherches reste encore fortement centrée sur les sciences médicales et agronomiques. Les équipes ne comportent en général qu'un seul spécialiste des sciences humaines, responsable à la fois des aspects socioculturels de la recherche, de la mise en application de l'approche participative et des questions de genre et d'équité.

La supervision d'un projet transdisciplinaire est d'autant plus difficile lorsque l'idée originale provient de l'une ou l'autre discipline et que les chercheurs n'ont pas conscience de la nature transdisciplinaire du problème. On doit donc s'attendre à ce que l'élaboration de projets transdisciplinaires prenne du temps. Les bailleurs de fonds de l'approche écosystémique de la santé humaine doivent réaliser que les moyens financiers devront répondre aux exigences de cette démarche. Admettons-le, un projet ÉcoSanté requiert un surplus de ressources humaines et financières.

L'APPROCHE

Encadré 1 | Protocole d'une recherche transdisciplinaire

A. Les groupes ou acteurs-clés

➤ Des scientifiques désirant travailler directement au bien-être des communautés.

➤ Une communauté prête à collaborer à un processus de développement où la recherche est un outil.

➤ Des décideurs capables de fournir temps, connaissances et expertise à un processus de concertation.

B. Les étapes

➤ Établir un dialogue entre les joueurs-clés par des rencontres informelles et des échanges de lettres et de courriels.

➤ Solliciter l'appui financier nécessaire au financement de la définition de la problématique à travers un atelier pré-projet réunissant les joueurs-clés.

➤ Tenir l'atelier pré-projet :

  – Définir la problématique selon les points de vue et les connaissances de chaque groupe (groupe repère, cartes, échanges, données)

  – Établir la problématique commune

  – S'entendre sur des objectifs communs

  – Définir la démarche méthodologique de chaque joueur ou groupe

  – Définir les rôles et les tâches

  – Établir un échéancier de rencontres de l'équipe

➤ Effectuer une itération des protocoles en fonction des résultats obtenus

➤ Traduire les résultats en interventions

➤ Assurer la viabilité à long terme et faire le suivi.

Une approche participative

De nombreuses expériences, y compris celle du CRDI, démontrent qu'il n'y a pas de développement sans participation. Il s'agit de l'une des caractéristiques principales de l'approche écosystémique de la santé humaine. La recherche participative donne au savoir local autant d'importance qu'à celui des scientifiques. Les solutions viables se trouvent dans l'échange des connaissances ainsi que dans l'analyse conjointe des problèmes. Les projets doivent tenir compte des inquiétudes, des besoins et des connaissances locales. Pour cela, l'implication des gens dans la recherche menée au sein de leur milieu est essentielle. Ce type de recherche va au-delà de la simple vérification d'hypothèses et débouche sur l'action.

L'approche participative cible des représentants de la communauté qu'elle implique directement dans le déroulement de la recherche. Elle prend en compte les différents groupes sociaux et facilite les négociations.

On ne considère plus les membres de la communauté comme de simples cobayes ou pourvoyeurs de données. Ils participent activement à l'élaboration de connaissances et au développement de solutions. Ils deviennent acteurs et moteurs du changement. Pour cela, il importe de les intégrer à tous les niveaux des travaux : de la définition du problème, en passant par la recherche et l'évaluation et jusqu'à l'intervention. Mukta Lama, de l'ONG népalaise Action sociale pour l'union et le réseautage des actions de base (SAGUN), l'explique ainsi : « Nous croyons que la prise de conscience de leur situation par les gens est la façon la plus efficace pour eux d'articuler leurs besoins. À la suite des discussions, les membres de la communauté définissent eux-mêmes des façons de régler les problèmes. »

La mise en place d'un projet de recherche à Buyo, en Côte d'Ivoire, illustre bien la dynamique des négociations complexes d'une approche participative. Le développement explosif de l'agriculture, surtout du café et du cacao, et la construction d'un

L'APPROCHE

Encadré 2 | Des paysans éthiopiens définissent leurs problèmes

Yubdo Legabato, un village de 5 000 personnes situé à 80 km à l'ouest de Addis-Ababa, a été choisi pour tester l'approche ÉcoSanté en Éthiopie parce qu'il était très pauvre, que ses habitants étaient en piètre santé et qu'on s'y perd à chercher l'origine de ses multiples problèmes.

Les chercheurs voulaient vérifier si les résidants de Yubdo Legabato étaient en mesure de définir leurs problèmes de santé et d'élaborer des plans d'action pour les résoudre, dans un cadre transdisciplinaire. Ils ont donc demandé aux villageois sur quels critères ils se fondaient pour évaluer leur santé, quels facteurs étaient à l'origine de leurs problèmes et, en fin de compte, comment ils pensaient s'y prendre pour améliorer leur sort.

Au départ, le facteur qui revenait le plus souvent dans les discussions était le manque de nourriture. Les agriculteurs attribuaient leurs problèmes au *dhabuu*, ce qui en oromiya signifie « ne pas posséder assez ». Les chercheurs ont incité les paysans à envisager la cause de leurs problèmes sous une perspective plus globale, si bien qu'ils ont identifié plusieurs autres facteurs : le manque de fourrage; le manque d'eau durant la saison sèche; l'érosion du sol et la recrudescence du paludisme, de la rougeole et des gastro-entérites.

L'équipe ÉcoSanté a ensuite aidé les membres de la collectivité à établir la relation entre leurs pratiques culturales, leur utilisation des ressources naturelles et leur situation sanitaire. Les résultats de l'étude montrent que l'agriculture, l'environnement, la nutrition humaine et la santé sont intimement liés. Ils mettent en lumière la nécessité d'adopter une approche holistique des facteurs qui font obstacle au bien-être humain. Par exemple, coucher à même la terre battue en compagnie de ses animaux, parce que la température nocturne moyenne est de 5°C durant la saison froide, explique bien des infections. Or, l'habitude de dormir sur les planchers en terre battue trouve son origine dans l'insécurité du régime foncier : pourquoi consacrer de l'argent à la construction de lits si on peut être appelé à partir au pied levé en laissant tout derrière soi?

Les chercheurs ont encouragé les agriculteurs à penser aux changements constructifs qu'ils pourraient apporter eux-mêmes au lieu d'attendre de l'aide extérieure. Dès qu'ils ont pris conscience que leurs pratiques d'hygiène nuisaient à leur santé, les gens ont pris les choses en mains. « Désormais, les villageois construisent des abris pour les animaux d'élevage, pensent à aménager une pièce réservée à la cuisson des aliments et ont aussi commencé à construire des plates-formes surélevées où dormir », affirme Abiye Astatke, ingénieur agricole à l'Institut international de recherche sur l'élevage (ILRI).

Les chercheurs sont persuadés que les enseignements transdisciplinaires tirés du projet de Yubdo Legabato ont une grande signification pour d'autres régions montagneuses d'Éthiopie, d'Afrique orientale et du monde entier.

barrage hydroélectrique sur la rivière Sassandra y ont attiré nombre d'immigrants. Depuis 1972, la population a augmenté de 7 500 à 100 000. Les bouleversements économiques, environnementaux et sociaux ont entraîné leur lot d'inconvénients, dont une utilisation anarchique des pesticides et des pratiques d'assainissement déficientes.

Une équipe ivoirienne a entrepris d'améliorer la situation. Dès le premier atelier pré-projet, réunissant chercheurs, autorités administratives, représentants des ONG, chefs de villages, hommes, femmes et enfants, il est rapidement apparu que les préoccupations de la communauté étaient très différentes de celles de l'équipe de recherche.

Oui, les gens souhaitaient une amélioration des infrastructures : électricité, routes, cliniques, écoles, puits et forages. Mais leur préoccupation principale était le logement. En effet, la construction du barrage avait inondé leurs terres et les villageois avaient été installés dans des maisons construites en fibre de verre. Au bout de vingt ans, elles pourrissaient et menaçaient de s'écrouler. Dans ce contexte, il était inutile pour les chercheurs de tenter de convaincre les gens de s'intéresser à leurs recherches. Il fallait s'occuper des habitations. L'équipe ÉcoSanté a donc communiqué avec les autorités locales et nationales. Même si le problème n'est pas entièrement résolu, en s'y intéressant, les chercheurs ont établi leur crédibilité auprès des gens.

Par la suite, de concert avec la population, les chercheurs ont pu s'attaquer au problème de la contamination de l'eau. On a installé des filtres à sable lent qui éliminent entre 80 et 90 p. 100 des contaminants microbiologiques ainsi qu'une grande quantité de métaux lourds. Leur mise en place a été cautionnée par un médecin de l'hôpital et les membres de la collectivité qui ont participé aux réunions. Encouragée par ces premiers résultats sur le front de la gastro-entérite, la communauté devait ensuite s'attaquer à d'autres problèmes liant la santé à l'environnement comme les maladies vectorielles et l'exposition aux pesticides.

L'APPROCHE

Élever le niveau de participation

La participation se joue à plusieurs niveaux, d'une simple réponse des communautés aux initiatives des chercheurs jusqu'à un niveau où la communauté prend l'initiative des interventions.

Environ 95 p.100 des projets de participation se limitent à une participation passive, les chercheurs se contentant d'informer les gens de leurs intentions. Les gens fournissent des informations et répondent à des questionnaires. Avec l'approche écosystémique de la santé humaine on veut atteindre, au minimum, un niveau de participation où les gens forment des groupes qui se donnent des mandats d'amélioration concrète de leur situation environnementale et sanitaire. Ces groupes ont tendance à rester dépendants des initiateurs externes, mais plusieurs deviennent autonomes. D'autres types de participation sont plus souhaitables. Un premier est celui où communautés et chercheurs participent conjointement à une analyse des problèmes qui mène à des actions, au renforcement des institutions existantes et même à la formation de nouvelles institutions. Ces groupes communautaires prennent en charge les décisions locales. Un autre niveau est la participation mobilisatrice, où les populations entreprennent des changements dans leurs communautés.

Plusieurs difficultés et contraintes entravent la mise en place d'une approche participative. Les niveaux de participation diffèrent d'un groupe à l'autre et doivent être négociés avec les partenaires dans chacun des contextes. Chaque groupe a ses préoccupations et ses intérêts propres qui se rejoignent parfois mais s'opposent fréquemment. Les chercheurs doivent faire preuve d'une grande attention et d'habiletés hors du commun pour rallier tous et chacun. Un projet du CRDI au Chili, impliquant des communautés autochtones Mapuche (voir encadré 3, p. 25), a été l'occasion d'une participation communautaire particulièrement fructueuse.

Au départ, les tensions entre les Mapuche, qui revendiquent des territoires, et l'État bloquaient toute collaboration. De nombreuses tensions existaient également parmi les représentants des Mapuche. Le projet de recherche en a tenu compte en s'associant d'emblée avec l'Association Mapuche et en faisant une place au savoir traditionnel Mapuche.

Universitaires et Mapuche ont démarré une série d'ateliers d'étude des traités avec l'État chilien, des lois concernant les Mapuche et des formes traditionnelles ou non traditionnelles de négociation avec l'État. Les relations avec l'État chilien demeurent tendues mais les différentes communautés locales ont repris le dialogue.

Les défis de l'approche participative

Malheureusement, pour l'instant, peu de projets associent la communauté à la définition de la question de recherche. Trop souvent, encore, les chercheurs consultent les ONG, les agences gouvernementales et les organisations locales, tandis que les discussions avec les gens directement concernés servent uniquement à valider leur projet.

De nombreux obstacles entravent la mise en application de l'approche participative. Certaines communautés ont eu de mauvaises expériences avec des chercheurs qui n'ont pas renforcé les capacités locales. Des attitudes de dépendance font aussi percevoir le développement comme quelque chose qui vient de l'extérieur. Les inégalités, les structures de pouvoir et la récupération du processus de participation par les élites locales, sont encore autant de limites à une participation efficace.

D'autres pièges guettent les spécialistes et les scientifiques. Il ne faut pas faire de la participation une idéologie rigide et inflexible. Tout en reconnaissant la valeur d'un partage de connaissances, il faut éviter une attitude doctrinale selon laquelle les gens des communautés ont toujours raison. La recherche de nouvelles visions, de nouvelles idées et de nouvelles valeurs doit être une préoccupation constante. Les membres de l'équipe de recherche doivent constamment garder une attitude de chercheurs. Il ne suffit pas d'être le meilleur dans sa discipline, il faut aussi faire preuve d'ouverture d'esprit et d'une réelle volonté de collaborer. Socialiser avec les gens, se tenir à l'écart des conflits locaux, encourager l'émergence de leadership local, respecter toutes les catégories de personnes, incluant femmes, enfants, jeunes, pauvres, accepter les critiques constructives, voilà autant d'attitudes qui contribuent au succès de l'approche participative.

Des objections surgissent encore face à cette approche. Par exemple, les avis sont partagés quant aux compétences des représentants de la communauté. Des scientifiques s'interrogent : les gens ont-ils l'information nécessaire pour participer à la définition d'une question de recherche? Certains affirment qu'ils ne sont pas en mesure de définir leurs problèmes de santé d'une manière compréhensible pour les chercheurs. Faut-il le rappeler : le but premier est de promouvoir des échanges entre les chercheurs et les communautés de manière à générer une compréhension commune des problèmes de santé.

On objecte aussi que les gens n'ont pas les moyens matériels pour se soigner. Il faut ici souligner l'importance pour les scientifiques de bien expliquer qu'il s'agit d'aider les gens à trouver leurs propres solutions, basées sur une modification de l'écosystème et de la gestion des ressources; pas nécessairement, par exemple, de construire un hôpital ou de vacciner les enfants.

En résumé, les investissements en transdisciplinarité et participation communautaire deviennent les fondements de la viabilité des solutions adoptées. Les améliorations obtenues de la santé de la communauté et de son environnement devraient les rembourser bien des fois.

Encadré 3 | Améliorer la qualité de vie des Mapuche

La nation Mapuche, aujourd'hui répartie sur environ la moitié de l'Argentine et du Chili, éprouve de sérieux problèmes de pauvreté, de santé et de dégradation de ses écosystèmes. Cette situation déplorable est en grande partie attribuable à la mise en place de politiques imposées par des dirigeants peu soucieux de communiquer avec les indigènes. Au Chili, un projet appuyé par le CRDI a pour but de trouver des moyens d'aménager l'écosystème de manière à assurer un accès à l'eau potable aux Mapuche de la vallée de Chol Chol, à 400 km au sud de Santiago.

Le gouvernement a transformé les forêts ancestrales des Mapuche en grandes exploitations fermières détenues par des compagnies. Ces changements ont eu de nombreuses conséquences malheureuses : la dégradation des sols, de l'air et de l'eau, l'intoxication par les pesticides, la perte de la biodiversité, l'insécurité alimentaire et les conflits au sein des villages et entre les villages. Les Mapuche en ont perdu toute confiance dans la société en général.

Avant d'entreprendre des actions de changement, il était important de dénouer les tensions. C'est ce qu'a permis l'approche participative. Le point de vue des Mapuche a été inclus dans la planification de programme de santé. Différentes actions ont été mises en place : une utilisation plus rationnelle des pesticides, la réintroduction des cultures traditionnelles, la reforestation avec des arbres indigènes, l'adoption de pratiques qui réduisent l'érosion des sols ainsi que la mise sur pied d'organisations communautaires plus représentatives.

Il reste encore du travail à faire au niveau des relations entre les municipalités et les problèmes de survie restent importants. Mais les membres de la communauté sont désormais mieux armés pour y faire face.

Genre et équité

Les recherches ne s'inscrivent pas dans des espaces neutres. Elles s'inscrivent dans des communautés, avec des hommes et des femmes dont la vie est structurée par des déterminants économiques, sociaux et culturels. La connaissance des différences, qualitatives aussi bien que quantitatives, entre les groupes permet de renforcer les interventions.

Le genre est un aspect de l'approche écosystémique de la santé humaine qui jette un éclairage sur la manière dont les relations entre les hommes et les femmes affectent la vulnérabilité sanitaire de chacun. Dans toute communauté, les hommes et les femmes font les choses différemment. Le genre réunit les caractéristiques culturelles, et non pas uniquement biologiques, qui définissent le comportement social de ces deux groupes et les relations qui s'établissent entre eux. Les tâches et les responsabilités respectives sont constamment renégociées au sein des ménages, des lieux de travail et des communautés. Ce partage des responsabilités peut avoir un impact sur la santé, comme dans le nord de la Côte-d'Ivoire.

De façon générale, on s'attend à ce que l'accroissement de la culture irriguée du riz provoque un accroissement des cas de paludisme; les milieux humides favorisant une multiplication des moustiques vecteurs de la maladie. Or, la comparaison de deux agroécosystèmes du nord de la Côte-d'Ivoire, l'un sans irrigation et avec une seule récolte de riz annuelle, l'autre avec irrigation et deux récoltes de riz par année, tout en confirmant l'impact de la riziculture sur le paludisme, contredit les processus envisagés. On retrouve en effet davantage de moustiques et un plus grand nombre de cas de paludisme chez les jeunes enfants dans les villages avec irrigation, mais le taux de transmission de paludisme (nombre de piqûres infectantes par année) est identique dans les deux groupes de villages.

Appuyés par le CRDI, des chercheurs ont posé l'hypothèse que cette situation était attribuable non seulement à des facteurs environnementaux, mais aussi sociaux, culturels et économiques. Les résultats de leur recherche démontrent que l'augmentation du nombre de moustiques associée à l'irrigation n'entraîne pas nécessairement d'accroissement de la transmission du palu (suite à une réduction de la durée de vie du vecteur) et que les variations de taux de paludisme entre les villages sont principalement

Tableau 1. Les femmes habitant les villages où l'on effectue deux récoltes de riz par année fournissent une part plus importante de l'alimentation que les femmes des villages à une seule récolte annuelle.

	1 récolte/an	2 récoltes/an
Hommes principalement	61%	34%
Femmes principalement	21%	43%
Hommes et femmes	18%	23%

Source : de Plaen, R.; Geveau, R. 2002. Cahier d'études et de recherche francophone/ agriculture, 11(1), 17-22.

attribuables à des différences de statut socio-économique chez les femmes.

Traditionnellement, alors que les céréales de cultures sèches comme le mil fournissaient l'essentiel de la nourriture, les chefs de famille étaient responsables de l'alimentation de la famille. Les terres des bas-fonds étaient alors utilisées presque exclusivement par les femmes qui emmagasinaient du riz et des produits maraîchers dans leurs greniers personnels. En cas d'urgence, elles participaient à l'approvisionnement de la famille, mais elles vendaient aussi ces réserves pour assurer leurs besoins personnels et couvrir des urgences familiales (tableau 1).

L'irrigation systématique des bas-fonds a permis de produire deux récoltes par année mais a aussi modifié ce partage des responsabilités. L'augmentation des quantités de riz produites dans les bas-fonds par les femmes a entraîné une réduction de la production de céréales de culture sèche, autrefois cultivées sur les plateaux. Les femmes sont donc peu à peu devenues celles sur qui on compte pour nourrir la famille. Comme leurs récoltes suffisent à peine à nourrir la famille, elles n'ont peu ou pas la possibilité de vendre leur production sur les marchés. Elles n'ont pas non plus le temps de participer aux activités extra-agricoles génératrices de revenus personnels. Disposant de moins de revenus, elles sont moins en mesure de réagir dès les premiers symptômes de la maladie. Dans les villages à deux récoltes, le changement du statut des femmes ne leur permet donc plus de réagir aussi rapidement que celles des villages à une récolte. Or, dans les cas de paludisme, une intervention rapide est cruciale pour limiter la gravité de l'attaque. En un mot, il n'y a pas que les changements biophysiques dans l'agroécosystème qui expliquent les cas de paludisme.

Cette histoire illustre bien l'importance d'étudier tous les aspects d'un problème, sans se limiter aux seules composantes biomédicales ou environnementales. Dans l'approche écosystémique de la santé humaine, toute intervention, toute action est inutile si on ne tient pas compte des différences dans les rôles et responsabilités.

Une recherche qui tient compte des différences culturelles et socioéconomiques débouche naturellement sur la notion d'équité. La division du travail ne relève pas uniquement du sexe; elle varie aussi en fonction de l'appartenance aux divers groupes sociaux. Un groupe social de statut inférieur a un accès moindre aux ressources. La prise en compte des questions d'équité, dans un cadre d'analyse de genre, démontre aussi que les hommes et les femmes ne sont pas des catégories indépendantes, mais que leur statut dépend aussi de leur âge, de leur ethnie et de leur classe sociale. Il existe aussi des différences femmes-femmes et hommes-hommes.

Même si les progrès sont notables, il reste encore beaucoup à faire pour intégrer les femmes, ainsi que tous les groupes marginaux, à l'agenda de recherche. Pour des résultats probants, une approche qualitative doit s'ajouter à l'approche quantitative, comme l'illustre le problème de la peste en Tanzanie.

Depuis près de vingt ans, et en dépit de luttes soutenues, la peste sévit toujours; dans la région de Lushoto, en Tanzanie, elle a atteint des proportions endémiques. En 1991, un projet appuyé par le CRDI a fait appel à un épidémiologiste et à un spécialiste des sciences sociales quantitatives. Les deux chercheurs de la première heure travaillent désormais au sein d'une équipe

Encadré 4 | Des fermiers en meilleure santé en Équateur

La province de Carchi, dans le nord de l'Équateur, joue un rôle de premier plan dans l'approvisionnement du pays en pommes de terre. Quelques 8000 producteurs fournissent 40 p. 100 de la production nationale.

Utilisés pour la première fois vers la fin des années 1940, les pesticides et les fongicides ont permis le passage d'une agriculture de subsistance à une production commerciale, avec comme conséquence une amélioration significative du revenu familial. Toutefois, les taux d'intoxication par les pesticides de Carchi sont parmi les plus élevés au monde : quatre personnes sur 10 000 en meurent chaque année. Dans les régions rurales, quatre personnes sur cent seraient intoxiquées de façon non létale, mais ne le déclarent pas aux autorités.

Une équipe de chercheurs privilégiant l'approche écosystémique de la santé a observé trois villages : La Libertad, Santa Martha de Cuba et San Pedro de Piartal. La démarche transdisciplinaire a permis d'intégrer les questions de sexospécificité. La regrettée Veronica Mera-Orcés, chercheuse équatorienne, expliquait ainsi les attitudes masculines et féminines différentes à l'endroit des pesticides. « L'idée est répandue que les pesticides ne peuvent être nocifs à un homme fort ». La recherche a cependant démontré que hommes et femmes étaient également vulnérables : les hommes sont exposés surtout dans les champs tandis que les femmes et les enfants sont en contact avec les produits dangereux à la maison où ils sont entreposés et où les femmes lavent les vêtements contaminés des hommes.

Avec l'adoption de nouvelles techniques de lutte intégrée et d'épandage plus précis, on a optimisé l'application des pesticides. Les résultats ont été spectaculaires. On utilise 40 à 75 p. 100 moins de certains fongicides et insecticides. Les coûts de production ont chuté provoquant une augmentation des revenus. Aujourd'hui, les femmes n'hésitent plus à dire aux hommes de faire attention et ceux-ci se rendent effectivement compte qu'ils devraient prendre plus de précautions avec les pesticides.

Avec ses trois piliers, transdisciplinarité, participation et équité, l'approche écosystémique de la santé humaine a fait ses preuves. Des communautés lui doivent des changements dans les méthodes de gestion de l'environnement qui ont amélioré leur santé.

L'APPROCHE

transdisciplinaire à laquelle se sont greffés un spécialiste des différences hommes-femmes et un spécialiste de la participation communautaire.

Même si le problème de la peste à Lushoto en Tanzanie n'est pas encore résolu, on a identifié certains comportements qui apportent un éclairage nouveau. Des experts en développement rural ont constaté que, contrairement à d'autres communautés d'Afrique de l'Est, les habitants de Lushoto conservaient leurs réserves de grains dans les toits de leurs maisons, directement au-dessus des quartiers habités. D'abord, les épidémiologistes ont trouvé que les femmes et les enfants étaient les plus à risque de contracter la peste. Ensuite, des anthropologues et des spécialistes des sciences sociales en ont expliqué la raison : les femmes et les enfants vont habituellement chercher les grains de maïs servant à préparer les repas. Ils sont donc plus souvent en contact avec les rats infestés de puces porteuses du bacille de la peste qui vont aussi chercher leur nourriture au même endroit.

Cette situation est renforcée par un autre comportement culturel spécifique. Dans les grandes familles, les femmes qui allaitent et les hommes occupent les lits en priorité. Les autres femmes et les enfants dorment sur des matelas déposés à même le sol où le risque est beaucoup plus grand d'être en contact avec les rongeurs qui se promènent dans la maison pendant la nuit.

L'intégration des différents groupes à l'agenda de recherche n'est pas uniquement une question d'équité, c'est surtout une question de « bonne science », qui assure la validité de la recherche. On remarque même que, dans des systèmes sociaux soumis à un haut degré de stress, il est souvent possible de passer du conflit à la coopération avec une stratégie qui met l'accent sur les femmes. Il faut cependant prendre en compte que leur implication accrue dans différents comités leur impose un stress supplémentaire, à cause du temps et de l'énergie qu'elles doivent investir.

Les apprentissages et les succès

L'approche ÉcoSanté a été testée dans trois grandes catégories de situations posant d'énormes défis à la santé des écosystèmes et des humains, particulièrement dans les pays en développement : l'exploitation minière, l'agriculture et le milieu urbain.

Dans chacun de ces secteurs, l'approche écosystémique de la santé humaine a confirmé son potentiel. Dans chacun, on trouve les trois piliers méthodologiques décrits dans le chapitre précédent, gages de réussite de la démarche et de la définition de solutions concrètes et viables.

L'exploitation minière

Les pays en développement dépendent plus de l'exploitation des ressources naturelles que les pays industrialisés, c'est une façon de les définir. Dans plus d'une trentaine de pays en développement, l'activité minière représente entre 15 à 50% des exportations. Elle occupe une place non négligeable dans l'économie d'une autre vingtaine de pays. Les petites mines et les mines artisanales, concentrées dans les pays du Sud, fournissent du travail à 13 millions de personnes et affectent, positivement et négativement, la vie de 80 à 100 millions de personnes. La croissance spectaculaire de l'activité minière sur la planète provoque d'énormes pressions sur les écosystèmes qui se répercutent parfois sur la santé. Au Brésil, le corridor de 900 km de longueur, taillé dans la jungle à partir de l'océan Atlantique pour rejoindre l'énorme mine de Carajas, a eu un impact sur 300 000 km^2. La découverte d'or le long de la rivière Tapajos, au Brésil, en 1958, a provoqué un afflux de quelque 200 000 prospecteurs et mineurs, dans une région sauvage sans aucune infrastructure sanitaire.

La vie d'une mine comporte généralement trois grandes étapes : l'exploration et la construction, l'exploitation et la fermeture. Chaque étape apporte son lot de défis sanitaires aux écosystèmes et aux populations.

L'exploration et la construction donnent surtout lieu à des dommages biophysiques. Les vols exploratoires à basse altitude dérangent les gens et effraient la faune. Les excavations provoquent l'érosion, favorisent le contact de contaminants avec les cours d'eau et modifient les habitudes des animaux. La construction de routes laisse aussi de nombreuses cicatrices qui trahissent souvent la présence d'une mine. Cette étape préliminaire suscite des espoirs d'emplois rémunérateurs dans la population, mais aussi un sentiment d'insécurité.

Dans le cas des petites mines et des exploitations artisanales, les impacts environnementaux s'expliquent par les coûts parfois trop élevés des technologies propres et une certaine indifférence. Dans le cas des mines d'or, par exemple, l'écosystème adjacent peut être affecté par la contamination de l'eau par les métaux, l'extinction de la végétation et l'érosion des sols. De son côté, le tissu social doit souvent compter avec un accroissement de l'alcoolisme, de la violence et de la prostitution. Tous les types de mines génèrent des déchets gazeux, liquides et solides potentiellement dangereux. En Afrique, en Amérique Latine et en Asie, de nombreuses rivières ont été déclarées biologiquement mortes.

Enfin, la fermeture d'une mine se traduit trop souvent par son abandon pur et simple. Il est rare, dans les pays en développement, que les gouvernements aient les ressources nécessaires pour réhabiliter les mines fermées par les entreprises. Quant aux mines artisanales, elles sont le plus souvent carrément abandonnées sans aucune planification de fermeture.

Dans un environnement minier, la santé humaine, aussi bien physique que mentale, subit d'importantes agressions. Les problèmes respiratoires, les inconvénients causés par le bruit, les vibrations et la contamination de l'eau potable sont courants. De plus, on connaît souvent mal toutes les sources de contamination, leur dynamique dans l'environnement et leur passage à l'humain. Deux projets ÉcoSanté, sur le mercure en Amazonie et l'or en Équateur, ont démontré que l'exposition des communautés aux contaminants n'est pas seulement le résultat des procédés industriels. Certaines pratiques agricoles comme la culture sur brûlis et la culture sur flanc de montagnes peuvent aussi libérer des métaux présents naturellement dans l'environnement. Cette situation créée par l'érosion des sols impose donc un double fardeau pour des populations parfois situées à de grandes distances des mines et vivant déjà dans des situations précaires.

Parfois, l'exploitation minière limite l'accès aux terres cultivables et occasionne une diminution de la production de produits alimentaires frais, entraînant des problèmes de santé. Ceux qui habitent la région ressentent l'arrivée soudaine et massive de nouveaux immigrants favorisée par l'ouverture de nouvelles routes, ce qui peut provoquer des conflits. L'ouverture d'une mine affecte aussi les femmes car, dans certains pays, elles n'ont pas le droit de travailler dans les mines. Dans diverses cultures, une femme dans une mine est même considérée comme source de malchance. Cette exclusion réduit leurs revenus et leur influence au sein de la famille et de la communauté.

Le lien entre l'environnement et la santé humaine est particulièrement sensible dans un environnement minier. L'approche écosystémique de la santé, et plus spécifiquement la participation communautaire, devient un outil précieux pour agir efficacement dans ce domaine.

Traditionnellement, les études d'impact de l'exploitation minière sur la santé et sur l'environnement utilisent une approche unidisciplinaire et mettent l'accent sur un problème particulier. Depuis vingt ans, une multitude de recherches ont été menées sur la pollution environnementale, la santé communautaire et le développement social et économique. La plupart du temps, cependant, ces évaluations précises de problèmes spécifiques ne permettent pas de caractériser toutes les facettes d'un problème dans l'espace et le temps. Entre l'évaluation et l'action correctrice efficace, il demeure un énorme fossé.

Dans les pays du Sud, les conditions d'extraction des minerais laissent souvent à désirer : la chaleur, une ventilation inadéquate et les risques constants d'effondrement tourmentent des mineurs peu ou mal équipés, incluant de très jeunes garçons. Les revenus sont faibles, irréguliers et aléatoires.

La transformation apporte aussi son lot de problèmes. Ceux qui utilisent le mercure pour récupérer l'or, souffrent souvent de troubles de la vue, de tremblements et de pertes de mémoire provoqués par la nocivité du mercure. Malgré ses risques pour la santé et l'environnement, sa simplicité et son faible coût, le rendent irrésistible pour les chercheurs d'or. Même lorsque les mineurs se donnent la peine d'apporter leur minerai à de petites usines d'extraction, celles-ci aussi utilisent des procédés qui libèrent plomb, mercure, manganèse et cyanure dans les cours d'eau. En quelques années, les gens réalisent qu'un charmant endroit de plaisance et de baignade est devenu une zone morte que personne n'ose plus fréquenter.

Dans le sud de l'Équateur, dans les villes minières de Zaruma et de Portovelo, le CRDI appuie la Fundación Salud ambiente y Desarrollo (FUNSAD), une ONG qui a parié sur l'approche ÉcoSanté. On a créé une équipe transdisciplinaire comprenant trois médecins, deux géologues, un sociologue et un travailleur en développement communautaire. Une douzaine de membres de la communauté s'y sont ajoutés pour recueillir des informations sur le style de vie et le travail de 1 800 habitants. Le troisième groupe de joueurs-clés a été représenté par les autorités municipales.

Dans les deux villes, les gens savaient que l'eau de la rivière était contaminée par les petites usines d'extraction du minerai. Ils croyaient aussi que, plus en aval, après les rapides, l'eau n'était pas polluée en raison de son débit rapide. Pourtant, à la grande surprise de tous, les analyses ont démontré la présence de plomb, à plusieurs dizaines de kilomètres en aval des rapides et des usines. Il semblait impossible que le plomb des usines se retrouve si loin des zones minières.

Pour l'instant, on soupçonne le défrichage et la culture des pentes des montagnes, dont l'érosion des sols libérerait du plomb, tout comme les rives érodées des affluents de l'Amazone libèrent du mercure. FUNSAD examine également la pollution atmosphérique et notamment l'impact du climat sur le maintien des contaminants au creux d'une vallée en pleine Cordillère des Andes. Enfin, on n'élimine pas l'hypothèse d'un aqueduc contaminé par le plomb. Au-delà de ces résultats et de ces hypothèses, des pourparlers ont débuté entre les autorités locales, les mineurs et la population pour trouver des solutions. Dans le sud de l'Équateur, l'approche transdisciplinaire a permis d'identifier des problèmes qui seraient passés inaperçus dans un contexte plus traditionnel de recherche.

Par ailleurs, l'emploi de personnes de la communauté pour mener les entrevues s'est révélé une expérience très concluante. Les interviewers ne se sont pas contentés d'être des rapporteurs de données. Ils se sont impliqués à fond, allant jusqu'à envisager des solutions. Ils ont développé leur propre vision du projet, ajoutant des éléments non prévus par les chercheurs, tels le contrôle du déversement des ordures dans la rivière par la municipalité et la mise en place d'un code environnemental pour tenter de réduire le largage des résidus miniers dans l'eau. L'équipe de cueillette de données s'est métamorphosée en un véritable groupe d'action communautaire.

Cette expérience montre que l'approche participative fonctionne. L'initiative doit germer de l'intérieur des communautés et l'équipe de recherche doit rester vigilante pour ne pas l'étouffer en cherchant à rester à tout prix dans les limites de départ du projet. « Ce qui me plaît le plus dans ce projet, explique Cumanda Lucero, un des interviewers, c'est ce sentiment d'appartenance à la communauté et l'espoir d'améliorer sa situation. » La réussite de FUNSAD illustre le principe selon lequel « le développement se produit à partir de l'intérieur. »

L'un des défis de l'approche ÉcoSanté dans le domaine minier est de rassembler les représentants de l'industrie avec les représentants des gouvernements et les populations autour de problèmes communs. Séduites par les nouvelles lois des pays en développement qui ouvrent grand leurs portes ou par l'abondance du minerai exploitable à des coûts très bas, de grandes sociétés minières et de nombreuses petites compagnies, provenant, entre autres, du Canada, d'Australie et des États-Unis, investissent selon le cycle typique de l'industrie minière où chaque accès de fièvre est suivi d'une dépression. Par exemple, à partir de 1993, en Amérique latine, on a assisté pendant plusieurs années à un véritable boom mené en majorité par de petites sociétés canadiennes.

Comme les gouvernements des pays en développement sont souvent très centralisés, les autorités locales et régionales ont peu de pouvoir sur les activités minières. Les efforts récents de décentralisation, sous financés, se sont notamment heurtés à un manque

---

Encadré 5 | Les mines de Goa

L'État de Goa, en Inde, est le lieu d'une exploitation minière intensive depuis plus de 35 ans. L'économie locale se porte donc bien grâce aux emplois créés et aux services disponibles. Il n'en demeure pas moins que des collines ont été aplanies et des forêts rasées. Les populations se plaignent d'un air saturé de poussière, de puits asséchés et de pluies qui drainent les débris miniers dans les cours d'eau et les champs.

Une évaluation menée auprès des habitants de 57 villages, des compagnies minières et des représentants gouvernementaux a identifié des préoccupations communes : des compensations insuffisantes pour les terres, la dégradation de l'air, de l'eau, des terres, et des forêts; des problèmes de santé comme la diarrhée, la jaunisse, le paludisme, la grippe et la toux; la fermeture éventuelle des mines et l'insuffisance des investissements dans les secteurs des loisirs, de l'éducation et de la santé (figures 3 et 4).

À partir de cette liste de revendications, l'équipe du Tata Energy Research Institute a déterminé des indices de bien-être et de la qualité de vie, validés et acceptés par tous. Avec l'appui du CRDI, on a déterminé les indicateurs de performance environnementale et sociale qui, pour la première fois, mesurent les coûts économiques, environnementaux et sociaux de l'exploitation minière. On a aussi élaboré des critères de revenu optimal pour assurer la viabilité économique à long terme de l'activité minière. On peut déjà affirmer que la contribution des mines sera positive seulement si on consacre une partie des revenus à réduire leurs coûts environnementaux et sociaux pour les générations futures.

Ces indicateurs ne règlent pas tous les problèmes, mais ils aident à la résolution de conflits, rendent les décideurs plus sensibles aux besoins et aux préoccupations de tous et favorisent la responsabilité et la transparence. Un espace de discussion a été créé, c'est un début.

ÉTUDES DE CAS

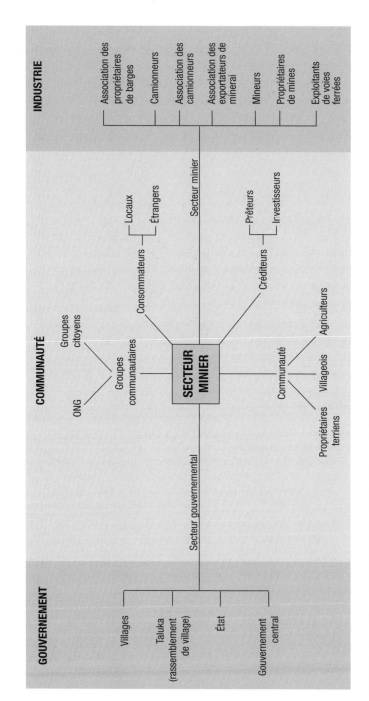

Figure 3. Les acteurs-clés de l'industrie minière à Goa, en Inde (source : Noronha, 2001).

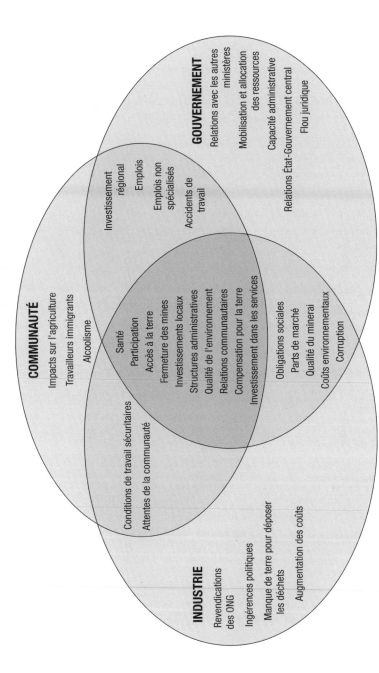

Figure 4. À l'intersection des trois cercles se trouvent les préoccupations communes aux trois acteurs-clés de l'industrie minière de Goa, en Inde. (source : Noronha, 2001).

de formation des dirigeants locaux et régionaux, traditionnellement exclus des processus de décision. Il est alors difficile, voire même impossible, de faire appliquer au niveau local des politiques, si éclairées soient-elles, mais élaborées à d'autres niveaux.

La situation se complique du fait que les populations touchées par ces nouvelles activités minières sont souvent très vulnérables. Les activités minières risquent d'empirer des situations déjà problématiques où pauvreté, grande densité de population et climat tropical se conjuguent pour contaminer la chaîne alimentaire. Le besoin de développement économique y est grand, mais une exploitation anarchique risque d'accentuer la pauvreté. Malheureusement, les compagnies minières étrangères n'ont que peu de formation pour aborder les questions sociales de ces pays par ailleurs financièrement très accueillants.

Certaines compagnies résistent aux demandes de consultation locale pour éviter des procédures coûteuses, d'autant plus que trouver un gisement exploitable relève toujours du pari. Même si plusieurs d'entre elles commencent à en reconnaître l'importance, elles ignorent comment instaurer une véritable participation de la communauté. Une première étape pourrait être d'intégrer des spécialistes des sciences sociales dans des équipes de direction presque toujours constituées de géologues et d'ingénieurs, avant d'aller jusqu'à mettre en marche une démarche transdisciplinaire.

De plus, les petites mines et les mines artisanales connaissent une recrudescence dans le monde. Elles constituent une réponse à la pauvreté, procurant de l'emploi à 13 millions de travailleurs sans formation. Mais les conditions de travail demeurent très précaires et les impacts environnementaux et sanitaires souvent dévastateurs.

Les gouvernements, les populations et les compagnies minières font face à une même difficulté : le manque d'outils pour déterminer les impacts réels de l'exploitation minière, tant bénéfiques que nocifs, sur la santé et le bien-être des populations.

Entre 1997 et 2002, des scientifiques de la Colombie, de l'Inde et du Royaume-Uni ont développé de tels outils. Puis, dans une deuxième phase, des spécialistes du Tata Energy Research Institute (TERI), de New Delhi, les ont testés dans l'État de Goa, dans l'ouest de l'Inde, où l'on exploite le minerai de fer depuis des décennies. L'équipe indienne a enseigné à la communauté, aux autorités et à l'industrie comment ils pouvaient s'en servir pour mesurer clairement les impacts à long terme de l'exploitation minière sur la santé et le bien-être. Aux décideurs de répondre ensuite en ajustant les politiques en conséquence.

Les activités agricoles

La production agricole entraîne des transformations profondes de l'environnement physique et humain. Environ 11% (1 440 millions d'hectares) des terres de la planète sont des terres arables. Leur superficie augmente constamment au détriment des forêts. Et leur gestion laisse souvent à désirer. La pollution par les pesticides et les engrais, la salinisation et la contamination par les métaux lourds conjuguées à l'épuisement des sols ont mis hors jeu 2% des terres de la planète. Dix millions d'hectares de terres cultivées sont maintenant dégradées de façon irrécupérable. De plus, comme le souligne le rapport *Health and Environment in Sustainable Development* de l'OMS, les fluctuations de la demande pour les différents produits agricoles provoquent des changements de l'écosystème qui ont des impacts sur la santé des agriculteurs et de leur famille. Par exemple, le riz remplace de plus en plus les céréales traditionnelles. Or, les nouvelles rizières accueillent les vecteurs de maladies comme le paludisme et la schistosomiase. Les fluctuations des troupeaux modifient la densité des insectes piqueurs et suceurs de sang. L'utilisation de nouveaux pesticides apporte son lot de nouveaux risques d'empoisonnement. Parfois, on tourne en rond. En Asie du Sud-Est, le déboisement a détruit l'habitat du plus important vecteur du paludisme. Mais les nouvelles plantations d'hévéas, de palmiers à huile et d'arbres fruitiers lui recréent des conditions encore plus favorables. Tous ces changements affectent la santé des écosystèmes et des humains.

Dans le domaine agricole, l'approche ÉcoSanté ambitionne rien de moins que de créer une synergie entre l'amélioration des pratiques agricoles et de la santé tout en assurant la viabilité des écosystèmes agricoles.

La démarche ÉcoSanté utilise l'agroécosystème comme point d'entrée pour démontrer comment son aménagement, plutôt que la simple juxtaposition d'interventions biomédicales, peut promouvoir la santé à meilleur coût. Par agroécosystème, on entend une entité géographique et fonctionnelle cohérente dans laquelle prennent place des activités de production agricoles. L'agroécosystème comprend les éléments vivants et non vivants ainsi que leurs interactions. Ses limites exactes sont difficiles à identifier car elles dépendent de la question étudiée. Elles peuvent inclure les limites d'une ferme, d'une communauté, d'un bassin versant ou même d'une région écologique. Ce sont des systèmes ouverts et dynamiques influencés par les mouvements de main-d'œuvre, l'apport de semences et d'intrants agricoles, l'érosion ainsi que l'invasion saisonnière d'éléments pathogènes. Les agroécosystèmes accaparent actuellement 30 p.100 des terres dans le monde.

Il n'est pas toujours facile de convaincre des populations en difficulté que la solution proposée pour l'amélioration de la santé ne sera pas une vaccination à grande échelle, ou quelque autre intervention médicale de pointe, mais une meilleure gestion des ressources. Mais le jeu en vaut la chandelle, comme l'illustre la pyramide de la santé (figure 5). Plutôt que de cibler une petite fraction de la population très affectée par la maladie, avec un taux de succès très relatif, on attaque les problèmes de santé à la base, prévenant ainsi l'apparition de problèmes auprès d'un plus grand nombre de personnes.

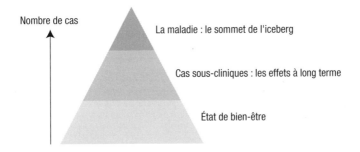

Nombre de cas

La maladie : le sommet de l'iceberg

Cas sous-cliniques : les effets à long terme

État de bien-être

Figure 5. La pyramide de la santé.

Les problèmes liés aux maladies vectorielles, aux pesticides et à la malnutrition sont monnaie courante dans les pays du Sud. L'explosion des cas de paludisme attribuable au creusement de canaux d'irrigation, les risques d'intoxication des travailleurs agricoles et l'impact des monocultures sur la qualité de la diète sont autant de questions cruciales se prêtant à une démarche tenant compte des liens entre écosystème et santé.

L'approche écosystémique de la santé humaine a déjà porté fruit dans des situations reliées à chacune de ces préoccupations. Dans la région de Mwea, au Kenya, la modification de pratiques agricoles a permis de mieux contrôler le moustique vecteur du paludisme (encadré 6). À Oaxaca, au Mexique, une réflexion menée par des scientifiques, des organisations citoyennes et des décideurs, a amorcé la mise en place d'interventions communautaires qui ont permis de se passer presque complètement du DDT (encadré 7). Dans les hautes terres de Yubdo Legabato, en Éthiopie, une importante participation communautaire a permis de briser le cercle vicieux de la pauvreté et de la malnutrition (voir encadré 2, p. 20).

La plupart des actions qui ont mené à des résultats positifs ne sont pas toujours nouvelles. Leur nouvelle efficacité provient plutôt de l'adoption d'une approche transdisciplinaire dans l'identification des problèmes et dans l'application des différentes solutions.

Encadré 6 | Monocultures et santé au Kenya

Au Kenya, entre 75 et 100 enfants meurent chaque jour du paludisme. Les programmes classiques de lutte contre la maladie ont échoué. Dans la région de Mwea, les vastes surfaces consacrées à la culture du riz, immergées six mois par année, offrent un habitat idéal aux moustiques. On a utilisé des antipaludiques et des insecticides, mais les parasites et les moustiques sont devenus plus résistants. Sans compter leur coût. Il faut donc une autre façon d'aborder ce problème de santé.

Suite à un atelier pré-projet, une équipe de scientifiques d'horizons divers a mis en marche une étude ÉcoSanté. Dix villageois ont été formés comme assistants de recherche. Les habitants de quatre villages leur ont ensuite expliqué tous les aspects de leur vie qu'ils croyaient reliés au paludisme.

On s'est aperçu qu'un très grand nombre de facteurs influençaient la prolifération du paludisme, à Mwea. D'abord, un contexte historique et social particulier a engendré des conflits politiques qui ont eu un impact sur la santé. En effet, les agriculteurs ont récemment décidé de prendre en charge l'irrigation des rizières pour échapper à un contrôle gouvernemental qui remontait au régime colonial britannique et qui les maintenait dans la pauvreté. Cette situation a donné lieu à une agriculture anarchique, où chacun plante quand et où bon lui semble, provoquant une multiplication des moustiques et une recrudescence des cas de paludisme.

En prenant en considération de multiples déterminants sanitaires, économiques, sociaux et environnementaux, les villageois et l'équipe de recherche ont mis en place des solutions améliorant l'environnement sans faire appel à la haute technologie médicale. On réduit le temps d'inondation des rizières et on alterne la culture du riz avec celle du soja, qui pousse au sec. On rétrécit ainsi l'habitat des moustiques tout en accroissant la variété du régime alimentaire. Les enfants ne sont plus condamnés à manger du riz trois fois par jour et à souffrir de carence protéinique. On incite aussi les familles à entourer leurs maisons de plantes qui éloignent les insectes.

Fait étonnant : on a constaté que les villages qui recelaient le plus grand nombre de moustiques étaient aussi ceux où le taux de paludisme était le plus bas. Or ce sont aussi ceux qui comptent le plus de bovins. Il semble que les moustiques les préfèrent aux humains. Ce qui ne veut pas dire que la multiplication des troupeaux réglerait le problème. On a introduit dans l'eau des bactéries inoffensives pour les humains mais qui tuent les larves de moustiques. On invite aussi les femmes et les enfants, plus vulnérables, à dormir sous des moustiquaires imprégnées d'insecticide.

Des liens véritables ont été établis entre les chercheurs et la population. Les villageois ont une plus grande confiance en eux-mêmes. Ils ont enfin réalisé qu'ils pouvaient agir efficacement sur leur environnement et améliorer leur santé.

Avec l'appui du International Water Management Institute, des scientifiques, des représentants d'ONG, du gouvernement et des communautés travaillent maintenant à diffuser l'expérience de Mwea à travers le Kenya. Ils se sont dotés d'un cadre baptisé System Wide Initiative on Malaria and Agriculture (SIMA) qui institutionnalise l'approche écosystémique de la santé humaine. L'initiative a pour objectif de mettre en place des moyens de réduire la malaria tout en assurant un bien-être accru de la population et une amélioration de la productivité agricole. Elle fournit un cadre de recherche et de développement qui génère des solutions pratiques à court terme tout en répondant aux besoins à moyen et à long terme des communautés cibles. La création de SIMA assure la pérennité de l'approche écosystémique de la santé humaine au Kenya.

L'espace urbain

Au rythme actuel de l'accroissement urbain, la Terre compte près d'une nouvelle mégapole de dix millions de personnes et une dizaine de villes de plus d'un million par année. La majorité des 6,3 milliards d'habitants de la planète vivent dans des villes ou dans leur environnement immédiat. Les villes des pays en développement font face à d'immenses et décourageants défis. Elles accueillent près d'une centaine de millions de nouveaux arrivants par année, dont une grande proportion de ruraux en quête de meilleures conditions de vie.

Dans l'approche écosystémique de la santé humaine, l'environnement urbain se caractérise comme un écosystème largement influencé par l'humain, avec comme points distinctifs une forte densité de population et d'infrastructures ainsi qu'un haut niveau

Encadré 7 | En finir avec le DDT au Mexique

Dans les années 1940 et 1950, au Mexique, près de 24 000 personnes mouraient annuellement des suites du paludisme; quelque 2,4 millions en étaient affectées. L'emploi massif du puissant insecticide DDT a été au cœur des actions gouvernementales pour éradiquer la maladie, amenant lui aussi son lot de problèmes pour la santé de l'écosystème. Avec le temps, et malgré un déclin du paludisme, il a fallu se rendre à l'évidence, la maladie était toujours présente. Or, le Mexique s'était engagé, dans le cadre de l'Accord de libre échange nord-américain, à éliminer l'emploi du DDT, avant 2002.

Un projet de recherche ÉcoSanté a permis à des spécialistes en épidémiologie, en informatique, en entomologie et en sciences sociales, du gouvernement et de l'université, de mettre leurs connaissances en commun.

L'équipe a accumulé des montagnes de données sur la prévalence du paludisme dans 2 000 villages. Grâce à la puissance des Systèmes d'information géographique, on a d'abord constaté que les moustiques ne voyageaient pas énormément. « Si vous avez un endroit où pondre vos œufs et vous nourrir, pourquoi aller voir ailleurs? », explique Mario Henry Rodriguez, directeur des recherches sur les maladies infectieuses au Centre national pour la santé environnementale (NIPH). Finalement, comme le confirme Juan Eugenio Hernández, directeur de l'informatique au NIPH, « Nous considérons que les humains sont les vecteurs », ce qui explique pourquoi on trouve plus de cas de paludisme dans les villages situés le long des routes.

Avec l'aide de la communauté, on a alors étudié de près les conditions de vie des gens, incluant les différences de comportement entre les hommes et les femmes. Alors que ces dernières sont plus susceptibles d'être piquées par les moustiques, tôt le matin, lorsqu'elles vont chercher l'eau, les hommes le sont, quant à eux, plutôt le soir, sur les plantations de café.

Plusieurs mesures préventives ont été prises. Les scientifiques ont proposé un nouvel insecticide qui, contrairement au DDT, ne persiste pas dans l'environnement. Ils ont aussi développé une pompe plus efficace qui permet d'arroser 40 maisons par jour plutôt que huit et ce avec une plus petite quantité d'insecticide. Une nouvelle trousse de diagnostic donne sa réponse en quelques minutes, alors qu'il fallait auparavant attendre trois à quatre semaines avant d'obtenir les résultats sur la présence du parasite dans le sang des malades. Auparavant, cette situation obligeait les autorités à traiter tous ceux présentant de vagues signes de la maladie comme une fièvre élevée ou des maux de tête. Aujourd'hui, des volontaires offrent ces tests aux habitants d'une soixantaine de villages. « Nous avons donné aux communautés la capacité de se soigner elles-mêmes », dit Mario Rodriguez.

La lutte contre le paludisme n'est plus la responsabilité exclusive des employés de l'État. Les femmes aussi y contribuent en retirant, toutes les deux semaines, les algues qui abritent les larves de moustiques dans les plans d'eau. Les cas de malaria ont chuté de 15 000 à 400 depuis 1998 dans l'État de Oaxaca, et le tout sans l'emploi de DDT. « Notre expérience nous enseigne qu'il faut renforcer la composante recherche en sciences sociales si nous voulons étendre ces interventions dans d'autres parties du pays et les maintenir dans l'Oaxaca. Le défi est d'extraire les leçons qui permettraient cette application à plus grande échelle », conclut M. Rodriguez.

d'organisation de la société. La ville pose des défis bien particuliers à l'approche ÉcoSanté.

Les préoccupations des spécialistes de la recherche sur la santé et l'environnement en milieu urbain doivent englober la pauvreté, le logement, la sécurité, les droits humains ainsi que les questions d'équité.

Jusqu'à maintenant, les projets ÉcoSanté urbains appuyés par le CRDI ont touché surtout les capitales : Katmandou, au Népal, Mexico, au Mexique, et La Havane, à Cuba, en plus d'un projet dans la ville de Buyo, en Côte-d'Ivoire. Ces tissus urbains comprennent une foule de groupes aux intérêts divers : le secteur privé, la société civile, l'autorité municipale, les ethnies, les castes, les classes sociales, les hommes et les femmes. Tous interviennent dans la gestion de l'écosystème urbain, ce qui complique la mise en place d'actions efficaces, comme le montre l'exemple d'un projet sur la pollution atmosphérique à Mexico.

Située à 2 240 mètres d'altitude dans une cuvette montagneuse, l'air de la ville de Mexico contient souvent de 2 à 3 fois plus de polluants que ne le permettent les standards internationaux. Démarré en 2000, le programme PROAIRE se donne dix ans pour faire en sorte que l'air que respirent les habitants de la plus importante mégapole au monde cesse de causer maladies et déces. Au départ, on prend pour acquis qu'il faudra un changement des habitudes de vie. Pour atteindre cet objectif, il faut bien comprendre la manière dont les gens perçoivent le problème.

Dans cette perspective, les autorités fédérales ont fait appel à plusieurs organisations nationales et internationales, y compris des groupes de femmes et des organisations préoccupées par la santé et par l'environnement pour cerner le problème et y trouver des solutions. Dans une ville de la dimension de Mexico, la participation des gens est problématique. En plus de la perception sociale de la pollution atmosphérique, on a donc évalué la disponibilité des différents groupes sociaux à participer à la combattre. On observe notamment une tendance à attribuer la responsabilité de la pollution de l'air aux usines. Seulement un petit nombre mentionne la contribution des gaz d'échappement des véhicules, pourtant à la source de 75 p. 100 des émissions. « Ils disent : les autres sont responsables, peut-être mes voisins, mais pas moi, pas mon véhicule », rapporte Roberto Munoz, du Secretaría del Medio Ambiente, maître d'œuvre d'un projet ÉcoSanté appuyé par le CRDI. La majorité des gens admettent ne rien faire. La majorité se dit non intéressée à participer à des programmes d'amélioration de l'air et considère que le gouvernement est mieux en mesure d'agir.

Pour convaincre les gens de leur responsabilité et de leur capacité d'améliorer la situation, des programmes d'éducation communautaire ont été mis en œuvre. Les chercheurs ont constaté que les programmes gouvernementaux antérieurs étaient dans une large mesure inefficaces. Ils ont donc organisé, dans six districts de la ville, 14 ateliers de 8 à 21 participants (femmes au foyer et dirigeants locaux, entre autres). Travaillant en collaboration, les chercheurs et les membres de la collectivité ont élaboré des

documents et des programmes de formation visant non seulement à informer les gens de l'ampleur du problème à Mexico,
mais aussi des mesures concrètes qu'ils peuvent prendre, au sein
de la collectivité et à la maison, pour aider à le résoudre; par
exemple, le transport en commun, le co-voiturage, la réduction
de la consommation d'eau et de combustibles et l'utilisation de
produits biologiques.

La participation communautaire est aussi plus difficile à obtenir
en milieu urbain. La ville est une organisation qui évolue rapidement, autant au niveau spatial que social. Une manière efficace
de promouvoir la participation communautaire a été de cibler de
petites communautés à l'intérieur des villes. À Mexico, on a
sélectionné six secteurs de la ville pour organiser des ateliers.
À Katmandou, à la suite d'une consultation d'hommes et de
femmes de différentes castes, on a choisi deux quartiers où l'on a
identifié avec précision les joueurs-clés et les problèmes environnementaux nuisibles à la santé. À Cuba, ce sont les citoyens d'un
petit quartier de la Havane, Cayo Hueso, qui se sont réunis pour
trouver des solutions aux problèmes de logement et de pauvreté
qui affectent leur santé.

En 1995, les habitants de Cayo Hueso ont décidé de remettre leur
quartier historique sur pied. Moins de la moitié des habitants du
quartier avaient accès à l'eau potable, plus du tiers des logements
étaient classés insalubres et les maladies infectieuses comme la
tuberculose et les maladies sexuellement transmissibles étaient en
hausse. Dans le cadre d'une organisation communautaire appelée
« Taller Integral » (atelier intégral), la communauté a canalisé ses
efforts et ceux des organisations gouvernementales. « À Cuba, dit
Mariano Bonet, leader du projet ÉcoSanté appuyé par le CRDI, les
scientifiques et les gens de la communauté étaient étroitement
liés. En fait, des chercheurs de l'Institut national d'hygiène,
d'épidémiologie et de microbiologie (INHEM), − le principal canal
de l'apport gouvernemental −, habitent le quartier. »

ÉTUDES DE CAS

Le gouvernement a investi dans la réfection d'édifices et a amélioré le système d'aqueduc et de cueillette des déchets. On a construit des espaces pour les jeunes et amélioré l'éclairage des rues. « Un des défis, ajoute Mariano Bonet, a été de rendre les aspects techniques de la recherche dans un langage facilement accessible à la communauté, tout en traduisant l'expertise de la communauté en indicateurs et activités spécifiques. »

Finalement, de nombreuses personnes ont participé, incluant des femmes âgées qui préparaient des sandwiches. Ces premières actions ont aussi mené à une meilleure planification sociale. On a organisé des programmes pour les aînés incluant des sessions d'exercices physiques et des ateliers sur l'estime de soi.

Les spécialistes scrutent les interactions complexes entre la réalité urbaine et la santé des citadins. Par exemple, pour la première fois, on étudie les liens entre la qualité de vie des habitants, les lampadaires, la disponibilité de l'eau et la cueillette des ordures. Ces études sont menées par une équipe incluant des médecins, des ingénieurs, un sociologue, un psychologue, un économiste et un architecte. En comparant l'état de santé des gens de Cayo Hueso avec celle des habitants d'une autre communauté, qui n'a pas bénéficié d'une telle intervention, on a constaté une nette amélioration de la santé des adolescents, des hommes adultes et des femmes âgées de Cayo Hueso. Depuis cette intervention, c'est une femme qui préside le conseil populaire de Cayo Hueso.

Le succès de l'intervention de Cayo Hueso est exemplaire et le CRDI soutient maintenant l'équipe dirigée par le docteur Bonet dans un projet de lutte contre la dengue, un problème de santé étroitement relié à l'environnement et en plein essor en Amérique latine et en Asie.

À Cuba, au Mexique, en Côte-d'Ivoire et au Népal, on a fait appel à des associations de femmes pour participer à la définition de la problématique de recherche. On constate que dans les villes, les femmes s'organisent et défendent leurs droits mieux que dans les

Encadré 8 | Katmandou, au Népal

Katmandou, la capitale du Népal, connaît actuellement une croissance de sa population parmi les plus rapides de l'Asie du Sud. L'urbanisation s'accélère depuis 1950 et se caractérise à la fois par une modernisation et un sous-développement. Une élite consommatrice côtoie tant bien que mal des pauvres appartenant à des castes inférieures et des minorités ethniques.

Entre 1998 et 2001, un projet de recherche ÉcoSanté appuyé par le CRDI, a permis de mieux comprendre la dynamique des interactions entre les déterminants socioculturels, économico-politiques et environnementaux de la santé humaine. Deux ONG népalaises ont joué un rôle déterminant. L'une s'est penchée sur les maladies que les humains partagent avec les animaux; l'autre s'est préoccupée des aspects socioculturels et des stratégies de participation communautaire.

57 castes différentes se côtoient dans les deux secteurs choisis pour le projet. Il s'agit aussi bien de prêtres et d'alchimistes, de paysans, d'artisans, de bouchers, de balayeurs de rues et de coiffeurs. Les traditions importées des campagnes diffèrent grandement, et les pratiques sont souvent incompatibles avec un développement durable. Dans les secteurs étudiés, 87 p.100 des ménages jettent leurs déchets directement à la rue, très rarement dans des poubelles. Les balayeurs, surtout des femmes accompagnées de leurs enfants, ont la responsabilité de gérer les déchets solides. Par ailleurs, 96 p.100 des bouchers ignoraient les dangers de contamination à partir de la viande et leurs pratiques favorisaient la transmission de maladies animales aux humains.

Les organisations participant au projet ont aidé les autorités gouvernementales à réglementer les pratiques d'abattage des animaux : il n'est plus permis, désormais d'abattre les animaux sur les rives de la Bishnumati, ni d'utiliser son eau pour nettoyer les animaux morts. Elles ont aussi aidé toute une population d'immigrants sans domicile à organiser des classes d'alphabétisation et à se soigner, mais aussi à reconnaître les situations où un médecin est indispensable.

Le système urbain de Katmandou s'est révélé beaucoup plus complexe qu'on ne l'avait imaginé et les actions ont démontré avec force l'importance de planifier et d'agir de concert avec les organisations déjà en place. M.D.D. Joshi, directeur du Centre de recherche sur les zoonoses et l'hygiène alimentaire du Népal (NZFHRC), croit que ce mariage de la science et d'une prise en compte de la dynamique sociale, rendu possible par l'approche ÉcoSanté, a assuré le succès du projet.

ÉTUDES DE CAS

milieux ruraux. Pour vraiment respecter le concept d'équité homme-femme, il est important de reconnaître les rôles et les responsabilités distinctes des hommes et des femmes et de comprendre comment chaque groupe est affecté différemment. Par ailleurs, ce concept doit être élargi à tous les groupes lorsque cela s'impose, comme cela a été le cas à Katmandou où se côtoient riches et pauvres comme les intouchables balayeurs de rues.

Les chercheurs appuyés par le CRDI développent des indicateurs qui permettront d'évaluer les progrès accomplis par le développement durable et la santé dans les villes. Des indicateurs génériques existent déjà depuis longtemps mais on a besoin d'indicateurs mieux adaptés aux caractéristiques des différents projets. À Cuba, par exemple, on a déjà montré que certains indicateurs, comme l'incidence de l'asthme, l'éclairage des rues, et le taux de croissance économique et urbaine, décrivent bien l'état de santé de l'environnement en relation avec la santé humaine.

Des résultats intelligibles pour des solutions durables

L'un des succès les plus éclatants de l'approche écosystémique de la santé humaine, telle que proposée par le CRDI, a eu lieu en Amazonie où on a découvert que l'érosion des sols était la principale cause de contamination par le mercure. L'approche ÉcoSanté a également permis de tester différentes stratégies à court et à moyen terme qui ont déjà réduit l'intoxication des gens. Le grand avantage de la méthode ÉcoSanté a été confirmé par l'amélioration de la santé des populations.

L'équipe de recherche a appris, parfois difficilement, à interagir avec les populations locales, puis à susciter l'intérêt des décideurs locaux à la situation. Ce processus, initialement intuitif, s'est développé et s'est articulé grâce aux liens de confiance établis entre les partenaires. L'apport d'expertises nouvelles, au fur et à mesure de l'évolution de la recherche et notamment dans le

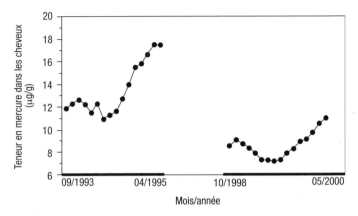

Figure 6. Entre 1995 et 2002, les concentrations de mercure dans les cheveux des populations des rives de la rivière Tapajos ont diminué de 40 p. 100. (Source : Mergler, D., communication personnelle, 2003)

domaine des sciences sociales, a aussi été déterminant. Encore aujourd'hui, l'intégration des décideurs dans le cadre de la recherche pose un défi, mais le dialogue est établi et les partenaires recherchent des alternatives de développement agricole pour la région.

Initialement, l'intérêt a été difficile à susciter auprès des autorités locales, notamment en raison de leur absence lors du début des activités. Il faut rappeler que ce projet n'était pas transdisciplinaire à l'origine : le travail de terrain et les besoins ressentis par les partenaires l'ont fait évoluer dans ce sens. Ceci montre bien le rôle de pionnier de cette équipe dans l'implantation du cadre de recherche écosystémique de la santé humaine au CRDI.

La formulation et la compréhension du problème ont évolué au cours du temps, et même après dix ans, il y a encore place à amélioration. Au cours de cette période, plusieurs étudiants canadiens et brésiliens ont été formés sur le terrain et ont obtenu leur maîtrise ou leur doctorat. Actuellement, quatre chercheurs brésiliens poursuivent leurs travaux de doctorat sur des sujets en lien avec ce projet. C'est là un des grands succès : en plus des

Encadré 9 | Du mercure en Amazonie

Au milieu des années 1980, un médecin brésilien, le cardiologue Fernando Branches, a alerté la communauté scientifique. Un de ses patients, qui croyait souffrir de problèmes cardiaques, était en réalité empoisonné au mercure. Rapidement, plusieurs équipes de recherche internationales se sont intéressées au problème. En 1995, un groupe formé de chercheurs de l'Université fédérale du Para, à Bélem, au Brésil, de l'Université fédérale de Rio de Janeiro et de l'Université du Québec à Montréal (UQAM), financé par le CRDI, ont fait une découverte étonnante. Cette contamination au mercure, que l'on croyait attribuable à une exploitation minière traditionnelle, était en réalité beaucoup plus liée à des pratiques agricoles.

Depuis les années 1970, une véritable ruée vers l'or a pris place sur les rives de la rivière Tapajos, un important affluent de l'Amazone. La méthode artisanale d'extraction utilise le mercure qui, lorsqu'en contact avec l'or, le fait fondre comme une montre de Dali, pour s'y amalgamer. Cet amalgame se récupère facilement. Il suffit alors de le chauffer; le mercure s'évapore et le chercheur d'or voit enfin luire l'objet de tous ses labeurs.

Les chercheurs brésiliens et canadiens s'attendaient à voir baisser le taux de mercure dans les cours d'eau à mesure qu'ils s'éloignaient du lieu d'extraction de l'or. Mais surprise : cette concentration dans l'eau demeurait la même jusqu'à 400 km du site. La conclusion était incontournable. Il existait une autre source de contamination.

En effet, depuis longtemps les volcans injectent du mercure dans l'atmosphère qui se retrouve ensuite au sol. Plus récemment, les activités industrielles comme l'incinération de déchets ont commencé à ajouter leur contribution. Très vieux, les sols amazoniens accumulent du mercure depuis 500 000 à un million d'années. À partir des années 1950, de nouveaux colons, attirés par la perspective de posséder leur propre exploitation agricole, ont abattu et brûlé plus de 2,5 millions d'hectares de forêts amazoniennes, principalement le long des rivières. Directement en contact avec les sols, les pluies ont commencé à drainer le mercure dans l'eau. Des bactéries le transforment alors en méthylmercure toxique. Ces bactéries le refilent aux petits poissons, qui sont mangés par de plus gros poissons qui aboutissent dans le poêlon des humains. En bout de ligne, ce sont les humains qui absorbent la plus forte concentration de mercure.

Les chercheurs brésiliens et canadiens ont démontré que même si la concentration de mercure dans les cheveux des villageois participant à l'étude était inférieure aux normes de l'Organisation mondiale de la santé, on notait une baisse de leur coordination, de leur dextérité manuelle et de leur vision.

Par ailleurs, la quantité de méthylmercure dans l'organisme humain était liée à la consommation de diverses espèces de poissons qui varie selon le cycle des saisons sèches et humides. Les consommateurs de poissons herbivores étaient moins affectés que les consommateurs de poissons piscivores, ces derniers contenant les plus hautes concentrations.

La deuxième étape du projet a consisté à travailler avec les villageois pour trouver des solutions. Une étroite collaboration avec les femmes du village, les enseignantes, les travailleuses de la santé et les pêcheurs a été établie. Une suggestion venue de la communauté a été réalisée. Il s'agit d'une affiche qui illustre les différentes sortes de poissons ainsi que leur degré de contamination. L'information circule et on sait désormais qu'il vaut mieux « manger des poissons qui n'en mangent pas d'autres ». Les résultats sont très concrets : entre 1995 et 2002, les concentrations de mercure dans les cheveux ont diminué de 40 p. 100 (figure 6).

On a aussi découvert, en analysant de longs cheveux et en les séparant en segments représentant chacun un mois de croissance, que les taux de mercure étaient moins élevés chez les femmes qui mangeaient plus de fruits. Pendant des mois, les sages-femmes avaient tenu un compte exact de la nourriture consommée par 30 villageoises. À partir de cette découverte, on a commencé à identifier des aliments susceptibles de diminuer la concentration de mercure dans l'organisme humain.

Par ailleurs, on a aussi commencé à modifier les pratiques agricoles. Les chercheurs ont entrepris, avec les agriculteurs locaux, d'identifier les cultures susceptibles d'améliorer le régime alimentaire tout en diminuant la lixiviation du mercure présent dans le sol. Des collaborations sont aussi en cours avec des pêcheurs locaux afin de repérer les secteurs de la rivière les moins favorables à la transformation du mercure en son dérivé toxique, le méthylmercure.

De concert avec les populations des rives du Tapajos, les recherches se poursuivent afin d'améliorer leur santé et celle de leur environnement en intégrant dans leur vie les découvertes des scientifiques.

ÉTUDES DE CAS

changements locaux dans les pratiques de la gestion de l'environnement et de l'amélioration de la santé, il y a désormais une relève scientifique locale.

Avant l'arrivée de l'équipe appuyée par le CRDI, plusieurs équipes japonaises, européennes et autres s'étaient déjà rendues sur place, mais aucune n'avait pu induire de véritables changements, et cela malgré leur qualité scientifique. Dans le cas du projet appuyé par le CRDI, grâce à une approche écosystémique de la santé humaine, la santé de la communauté a commencé à s'améliorer dès la troisième année du projet, entre autres, par un changement des types de poissons consommés.

Dans la plupart des pays où des communautés et des équipes pionnières ont tenté l'expérience ÉcoSanté, des processus d'amélioration de la santé environnementale et humaine ont pris naissance. Un des défis consiste à appliquer les résultats à plus grande échelle.

Chapitre 4

Recommandations et orientations

Une communauté canadienne et internationale de scientifiques et de décideurs commence à reconnaître l'approche écosystémique de la santé humaine. L'approche gagne des adeptes dans les milieux de la recherche et de l'enseignement, mais aussi auprès des responsables politiques qui en prennent connaissance de diverses façons.

Les premières lettres de noblesse

Ainsi, en mars 2002, lors de la première rencontre des ministres de l'Environnement et de la Santé des Amériques et des Caraïbes, réunis à Ottawa (Canada), devant ses pairs, le ministre de la Santé du Mexique, Julio Frenk, a mentionné la réussite de l'approche écosystémique de la santé humaine pour résoudre le problème de l'utilisation du DDT dans le contrôle de la malaria (voir encadré 7, p. 46). À Johannesburg, en août 2002, le ministre canadien de l'Environnement, David Anderson, reprend le flambeau et souligne la pertinence d'examiner les liens entre la santé et l'environnement. « Le défi, pour les décideurs, dit M. Anderson, est que nous ne connaissons trop souvent que d'une manière très générale la nature des liens entre la santé et l'environnement. Nous devons nous assurer que les ministères coordonnent leurs efforts. » Il termine son allocution en soulignant l'importance du Forum international Écosystèmes et santé humaine, à Montréal, en mai 2003, comme exemple d'initiative qui « nous permettra d'atteindre et de partager nos buts dans les domaines de la santé et de l'environnement. »

L'approche écosystémique de la santé humaine fait son chemin dans les milieux spécialisés. Elle est présentée lors d'un panel sur la recherche, la santé et le développement, organisé conjointement par le CRDI et les National Institutes of Health (NIH) des États-Unis, lors du Sommet mondial sur le développement durable de Johannesburg, en août 2002. Le Special Programme for Research and Training in Tropical Diseases (TDR) est un programme indépendant de collaboration scientifique sur les maladies tropicales, cofinancé par le Programme des Nations unies pour le développement (PNUD), la Banque mondiale et l'Organisation mondiale de la santé (OMS). Grâce à l'appui du CRDI, le TDR applique la démarche écosystémique de la santé humaine dans deux activités de recherche, en Amérique du Sud. De plus, l'Organisation Pan Américaine de la Santé fournit un appui technique dans la mise en place de l'approche pour deux projets sur la fièvre dengue en Amérique Centrale et dans les Caraïbes, projets qui reçoivent aussi un appui du Programme des Nations unies pour l'environnement (PNUE).

L'approche écosystémique de la santé humaine fait aussi son chemin dans les institutions de formation. En août 2002, l'Institut national de santé publique du Mexique donne un cours d'été à une trentaine de personnes. L'Université américaine de Beyrouth met sur pied un programme gradué inter-faculté en sciences de l'environnement qui comprend l'approche écosystémique de la santé. Au Canada, l'Institut des sciences de l'environnement de l'Université du Québec à Montréal (UQAM), les facultés de médecine et de médecine dentaire de l'Université de Western Ontario, l'Université de Guelph ainsi que d'autres institutions œuvrant dans le domaine de la santé et de l'environnement organisent aussi ce type de programmes. La mise en place de tels programmes constitue une raison d'espérer pour les chercheurs qui s'aventurent dans cette nouvelle voie : les institutions sont en train de changer et il y aura de la place pour eux et pour leurs étudiants.

Par ailleurs, à l'occasion d'une consultation nationale sur l'avenir de leurs programmes transversaux en santé et en environnement, les Instituts canadiens de recherche en santé citent le caractère innovateur des approches écosystémiques de la santé humaine.

Enfin, et toujours au Canada, la démarche écosystémique de la santé humaine sort des cercles spécialisés pour être présentée au public dans le cadre d'expositions scientifiques, dans des brochures et des articles de vulgarisation scientifique.

L'intérêt pour les approches écosystémiques de la santé humaine est confirmé par Le Forum international Écosystèmes et santé humaine, à Montréal, du 18 au 23 mai 2003. L'OMS, le PNUE, la Fondation Ford, la Fondation des Nations unies (UNF), l'Agence canadienne de développement international (ACDI), les ministères canadiens de la Santé et de l'Environnement, le ministère de la santé et des services sociaux du Québec, l'UQAM et le Biodôme de Montréal en appuient l'organisation. Le Forum confirme l'existence d'une communauté « écosystémique de la santé humaine » ; c'est sa toute première rencontre internationale.

Les défis posés aux scientifiques

L'approche écosystémique de la santé humaine exige avant tout la mise en pratique des trois piliers méthodologiques : la transdisciplinarité, la participation des communautés, ainsi que le genre et l'équité. Ceci ne signifie pas pour autant qu'il faille rejeter la recherche disciplinaire. Elle est toujours aussi indispensable et chaque chercheur doit conserver son identité. Il y a aussi un délicat équilibre à maintenir entre les demandes de la communauté et les intérêts des décideurs et des scientifiques.

La définition d'un langage commun demande à tous des efforts importants. Elle implique des risques réels pour les chercheurs à l'intérieur même de leurs institutions, notamment la déviation d'intérêts de recherches pré-déterminés, un effort prolongé, des publications retardées, l'incertitude des interactions avec les gens des communautés et l'apprentissage du mode de fonctionnement des structures civiles et politiques. Dans ce contexte, les institutions d'enseignement doivent accepter de prendre ces risques en libérant les ressources nécessaires et en évaluant les résultats au-delà du nombre de publications. Elles doivent permettre à des départements de collaborer au-delà de la multidisciplinarité.

Les défis posés aux décideurs

Dans un deuxième temps, l'approche écosystémique de la santé humaine doit voir l'incorporation des résultats de ses projets dans des programmes à plus grande échelle et dans des politiques. Les décideurs politiques doivent s'assurer de bien comprendre les enjeux et les démarches liés à cette approche. Ils doivent dépasser la surface des choses, devenir des acteurs à part entière du développement durable, exprimer leurs besoins et, surtout, s'armer de patience. Ils doivent s'intéresser sérieusement au travail des chercheurs.

Accepter que l'étude de problèmes complexes est un processus qui prend du temps est une condition essentielle au succès de la démarche. La constitution d'une équipe transdisciplinaire et la définition d'un langage commun peut s'étendre sur deux ou trois ans, mais on a vu, dans des projets plus récents, cette période ramenée à un an. Autre fait encourageant, des résultats émergent tout au long de ce processus et il est possible de poser des actions qui améliorent la santé des gens et de leur environnement.

Dans ce contexte, le support financier devient crucial. S'il tombe en cours de projet, cela signifie du même coup la disparition du projet. En fait, la pérennité d'un projet est étroitement liée à son financement. Les chercheurs dont l'institution d'appartenance ne reconnaît pas l'approche écosystémique de la santé humaine prennent un risque.

Les promesses de l'approche écosystémique de la santé humaine

L'approche écosystémique de la santé humaine offre aux décideurs municipaux, régionaux et nationaux, aux prises avec des situations où l'environnement affecte la santé des populations, une démarche immédiatement applicable qui évolue vers la définition de solutions viables à long terme.

Les décideurs ont besoin de solutions pratiques, adéquates, peu coûteuses et viables. Or, la recherche de telles solutions s'inscrit au cœur même de la méthodologie. Il ne s'agit pas pour les équipes écosanté d'accumuler des données; elles sont constamment mues par la définition de solutions. « Bien sûr, nous pouvons étudier le problème, dit le docteur Oscar Betancourt, directeur de l'organisation non gouvernementale FUNSAD, en Équateur, mais des études ne sont que des études. » Dès le départ, un projet ÉcoSanté amorce un processus de définition de solutions pratiques. « C'est une technique pour trouver des solutions, pas uniquement pour décrire des problèmes », renchérit

M. David Waltner-Toews, professeur à l'Université de Guelph (Canada) qui travaille aussi à mettre au point des méthodes de recherche sur les liens entre santé et environnement.

Pour les responsables politiques, l'approche écosystémique de la santé humaine représente des avantages intéressants et riches de potentiel. Elle permet, autour d'un noyau scientifique, de faire travailler ensemble des fonctionnaires de différents ministères et des groupes aux intérêts différents et parfois opposés. Au Mexique, les fonctionnaires et cadres gouvernementaux qui ont mis en pratique les principes d'une approche écosystémique de la santé dans la lutte contre le paludisme ont conclu que c'était ainsi qu'il fallait travailler. Le projet écosanté crée un espace négocié où des représentants de ministères, départements et disciplines disparates (agriculture, environnement, santé) se trouvent dans un cadre de concertation. Guidés et animés par la recherche de solutions, ils mettent de côté leurs différends pour se concentrer sur leur contribution respective à la solution du problème.

Cela vaut aussi pour les divers groupes de citoyens aux intérêts bien arrêtés et parfois divergents. Pour eux aussi, le projet crée un espace de concertation. Dans certains cas, des groupes en conflit séculaires travaillent côte à côte. Dans certains endroits, le projet offre un terrain de discussion à des représentants d'entreprises, d'organisations citoyennes et d'agences gouvernementales. Il arrive même, comme à Katmandou, que le projet instaure un dialogue entre représentants de castes séparées par des siècles de mépris.

Les projets ÉcoSanté démarrent habituellement par une alliance entre scientifiques et membres de la communauté. L'alliance se trouve grandement renforcée lorsque les décideurs acceptent de participer. Aux autorités de comprendre que la participation de leurs fonctionnaires est requise. Elles doivent accepter que leur personnel travaille dans un nouveau cadre, marqué par la transdisciplinarité, la participation et l'équité sociale. En pratique, l'initiative peut venir de n'importe quel partenaire. Des autorités nationales ont déjà démarré des projets, comme au Mexique.

La démarche ÉcoSanté offre une place à la table pour les représentants des agences, juridictions et autorités intéressées à contribuer à améliorer une situation. Le décideur obtient une solution globale qui tient compte des différents acteurs, aussi bien ceux sur lesquels il a en principe autorité (les fonctionnaires) et ceux sur lesquels il n'en a pas directement (groupes citoyens). À terme, le projet peut même déboucher sur la création d'une nouvelle structure responsable; c'est ce qui s'est produit dans la région minière du sud de l'Équateur où une nouvelle entité représente deux communautés affectées par les rejets de l'exploitation minière. Puisque les représentants des autorités responsables des politiques ont déjà appris à se connaître et qu'il y a un éventuel consensus sur les solutions, il devient alors plus facile d'harmoniser les politiques, un pas dans la solution d'un casse-tête familier aux maires, gouverneurs et ministres. L'ajustement des programmes s'effectue en fonction des besoins et des nouvelles avenues de solution identifiées dans le cadre de la recherche.

Au Kenya, à la suite d'un projet ÉcoSanté, on a lancé un programme qui étudie l'application de la démarche écosystémique de la santé humaine dans plusieurs communautés du pays. Par ailleurs, l'approche écosystémique utilisée dans le cadre du projet mercure en Amazonie trouve maintenant des ramifications au Canada. Le Conseil national de la recherche en sciences naturelles et génie (CRSNG) a appuyé en 2001 la création du Réseau de recherche en collaboration sur le mercure (COMERN). Ce réseau de recherche pan canadien étudie comment les Canadiens peuvent bénéficier de leurs ressources aquatiques d'une façon sûre et durable, tout en tenant compte des problèmes posés par la présence du mercure dans ces environnements (figure 7). L'approche préconisée par le COMERN implique aussi la participation active de spécialistes de tous les domaines des sciences appliquées, ainsi que d'intervenants

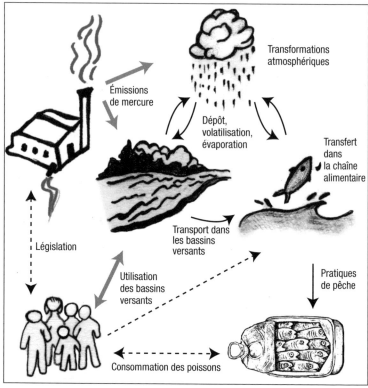

Figure 7. Le Réseau collaboratif de recherche sur le mercure (COMERN) utilise l'approche écosystémique dans l'étude du cycle du mercure dans l'environnement canadien. (Source : Lucotte, M., communication personnelle, 2003)

sociaux et de décideurs politiques dans toutes les étapes du développement de la recherche. Plusieurs chercheurs canadiens qui participent à ce réseau, dont le chercheur principal, Marc Lucotte, sont aussi associés aux travaux sur le mercure en Amazonie.

L'approche ÉcoSanté enclenche immédiatement un processus de concertation qui réunit les acteurs-clés autour de la table afin de produire des solutions applicables et viables à long terme. Bien entendu, il faut prendre le risque de faire confiance à une équipe hétérogène, investir le temps et les ressources nécessaires et vouloir changer les choses.

Un des facteurs de réussite tient du fait que les solutions proposées tiennent compte de la compréhension locale et de la contribution des membres de la communauté. Par exemple, sur les rives de la Tapajos, au Brésil, ce sont les femmes qui ont diffusé l'information sur les espèces de poissons moins contaminées et propres à la consommation. Au Sud, les communautés se trouvent souvent laissées à elles-mêmes. Mais, s'il arrive que des 'experts' viennent se pencher sur leurs problèmes, la méthodologie écosystémique de la santé humaine offre un espace où décideurs, populations et chercheurs peuvent se rejoindre et conjuguer leurs efforts.

L'acceptation du fait que, très souvent, il leur appartient de changer la situation est rendue plus facile parce que les gens participent à la définition des problèmes. En Éthiopie, dans le cadre du projet ÉcoSanté, une fois que les gens ont réalisé que leurs pratiques sanitaires affectaient leur santé, ils ont pris les choses en main.

Les décideurs obtiennent donc une palette de solutions pratiques dans le domaine prioritaire des familles et des individus, leur santé. Ces solutions ne tiennent pas uniquement à des changements de comportement. Elles sont aussi établies grâce à la compréhension des interactions entre les composantes environnementale, sociale, économique et politique du problème à résoudre. Les investissements éventuels en infrastructure et nouveaux services se feront aussi aux bons endroits et dans des endroits où les gens voient immédiatement des résultats. Le délai relativement court entre le début du projet et les premiers résultats visibles facilite la mise en place d'interventions à plus long terme.

Bien entendu, en appuyant des projets ÉcoSanté, tels que décrits dans ce petit livre, les autorités prennent certains risques. Un de ces risques est de réussir. Au Brésil, à Cuba, au Mexique, au Népal et dans un nombre croissant d'endroits, les résultats sont au rendez-vous. Mais avant de lancer un projet ÉcoSanté, assurez-vous qu'il y a un leader appuyé par son milieu institutionnel ou communautaire. Ces leaders existent. Ils sont les moteurs d'une démarche ÉcoSanté. De plus en plus, on les trouve dans le milieu de la recherche, de l'intervention et des politiques.

Pour certains d'entre eux, la méthode ÉcoSanté a déjà apporté prix, promotions et reconnaissance. Au Mexique, le chef de projet a gagné le prestigieux prix Jorge Rosenkranz, en 2002. À Cuba, le responsable s'est aussi mérité le prix santé de l'Académie cubaine des sciences, l'une des plus hautes distinctions scientifiques de son pays. En favorisant les projets écosanté, les autorités qui s'associent avec succès aux démarches des scientifiques et des communautés permettent à tous de gagner.

Les résultats actuels de l'approche écosystémique de la santé humaine constituent quelques-unes des réponses concrètes aux défis du développement durable, quelques raisons d'espérer.

Sources et ressources

Ce livre porte essentiellement sur la recherche en écosanté financée par le CRDI. Pour ceux qui portent un intérêt plus général au sujet, on trouve sur l'Internet et sur les rayons des bibliothèques de nombreux ouvrages. Cette section vous propose une sélection de ressources qui adopte la structure du livre, chapitre par chapitre.

Ce livre est complété par un site web (**www.crdi.ca/ecohealth**). Le texte du livre s'y trouve de même que d'autres documents et liens existants sur le web et mentionnés dans cette liste.

L'enjeu

Pour un survol de l'ÉcoSanté, de la méthodologie employée, des outils et des études de cas, les sources suivantes sont à consulter :

Forget, D., 2003, *Jean Lebel : penser globalement, agir localement*, Découvrir, mars-avril 2003, Montréal (Québec, Canada), Association francophone pour le savoir.

Forget, G. et Lebel, J., 2001, *An ecosystem approach to human health*, International Journal of Occupational and Environmental Health, 7(2), S1–S38.

Forget, G. et Lebel, J., 2003, Approche écosystémique à la santé humaine, *in* Gérin, M., Gosselin, P., Cordier, S., Viau, C., Quénel, P. et Dewailly, É. (dir.), *Environnement et santé publique: fondements et pratiques*, St Hyacinthe (Québec, Canada), Diffusion and Edisem, chapitre 23, p. 593–640.

Lebel, J., Burley, L., 2003, « The ecosystem approach to human health in the context of mining in the developing world », *in* Rapport, D.J., Lasley, W.L., Rolston, D.E., Nielsen, N.O., Qualset, C.O., Damania, A.B. (dir.), Managing for healthy ecosystems. Boca Raton (FL, É.-U.), Lewis Publishers, chapitre 83, p. 819–834.

Smit, B., Waltner-Toews, D., Rapport, D., Wall, E., Wichert, G., Gwyn, E., et Wandel, J., 1998, *Agroecosystem health: analysis and assessment*, Guelph (Ontario, Canada), University of Guelph, 113 p.

Waltner-Toews, D., 1996, *Ecosystem health: a framework for implementing sustainability in agriculture*, Bioscience, 46, 686–689

Les événements et documents qui suivent sont mentionnés dans l'ouvrage :

Action 21 : **www.un.org/esa/sustdev/documents/agenda21/ french/action0.htm**

Association canadienne de santé publique, 1992, *Santé humaine et de l'écosystème: perspectives canadiennes, action canadienne*, Ottawa (Ontario, Canada), ACSP, 21 p.

Comité d'études sur la promotion de la santé, 1984, *Objectif santé : rapport du comité d'étude sur la promotion de la santé*, Québec (Canada), Conseil des affaires sociales et de la famille, Gouvernement du Québec.

Epp, J., 1986, *La santé pour tous : plan d'ensemble pour la promotion de la santé*, Ottawa (Ontario, Canada), Santé et bien-être social Canada.

Forget, G., 1997, « From environmental health to health and the environment: research that focusses on people », *in* Shahi, G.S., Levy, B.S., Binger, A., Kjellström, T. et Lawrence, R. (dir.), *International perspectives on environment, development and health: toward a sustainable world*, New York (NY, É.-U.), Springer, p. 644–659.

Forum international sur les approches Écosystèmes et santé humaine : **www.crdi.ca/forum2003**

Hancock, T., 1990, *Toward healthy and sustainable communities: health, environment and economy at the local level*, communication presentée à la 3ᵉ colloque sur la santé environnementale, Québec (Canada), 22 novembre 1990.

ILRI (International Livestock Research Institute), 2001, *Enhanced human well-being through livestock/natural resource management: final technical report to IDRC*, Addis Abeba (Ethiopie), ILRI.

Lalonde, M., 1974, *Nouvelle perspective de la santé des Canadiens: un document de travail*, Ottawa (Ontario, Canada), Gouvernement du Canada.

Lucotte, M., 2000, *Collaborative research network program on the impacts of atmospheric mercury deposition on large scale ecosystems in Canada: the COMERN Initiative — Research Network Proposal to*

NSERC, Ottawa (Ontario, Canada), Conseil national de la recherche en sciences naturelles et génie.

Mining, Minerals and Sustainable Development (MMSD) Project, 2002, *Breaking new ground: mining, minerals and sustainable development*, Londres (R.-U.), Earthscan. **www.iied.org/mmsd/ finalreport/index.html**

Organisation mondiale de la santé (OMS), 1998, *Santé et environnement pour un développement durable : le point cinq ans après le sommet de la terre*, Genève (Suisse), OMS. **www.who.int/ archives/inf-pr-1997/fr/cp97-47.html**

Programme des Nations unies pour l'environnement (PNUE), 2002, *L'avenir de l'environnement mondial 3 (GEO 3)*, Londres (R.-U.), Earthscan. **www.unep.org/GEO/geo3/**

Report of the United Nations Conference on the Human Environment (Stockholm 1972) : **www.unep.org/Documents/ Default.asp?DocumentID=97**

Rio Declaration on Environment and Development : **www.un.org/ documents/ga/conf151/aconf15126-1annex1.htm**

Le Sommet mondial pour le développement durable : **www.un.org/french/events/wssd**

Tansley, A.G., 1935, *The use and misuse of vegetational terms and concepts*, Ecology, 16, 284–307.

World Commission on Environment and Development, 1987, *Our common future*, Oxford (R.-U.), Oxford University Press.

Les voies de la recherche, les apprentissages et les succès

Les principales références et sites web reliés aux projets suivent. Tous ces projets ont soumis des rapports techniques d'étapes ou finaux. Plusieurs sont en ligne sur le site **www.crdi.ca/ecohealth** ou peuvent être obtenus en contactant l'adresse **ecohealth@idrc.ca**.

Exposition au mercure et santé de l'écosystème dans l'Amazone

Cette collection de projets couvrant plusieurs années est en vedette sur le site **www.facome.uqam.ca** et a produit les documents suivants :

Amorim, M.I., Mergler, D., Bahia, M.O., Dubeau, H., Miranda, D., Lebel, J., Burbano, R.R. et Lucotte, M., 2000, *Cytogenetic damage related to low levels of methyl mercury contamination in the Brazilian Amazon*, An. Acad. Bras. Cienc., 72(4), 497–507.

Dolbec, J., Mergler, D., Larribe, F., Roulet, M., Lebel, J. et Lucotte, M., 2001, *Sequential analysis of hair mercury levels in relation to fish diet of an Amazonian population, Brazil*, The Science of Total Environment, 271(1-3), 87–97.

Dolbec, J., Mergler, D., Sousa Passos, C.J., Sousa de Morais, S. et Lebel, J., 2000, *Methylmercury exposure affects motor performance of a riverine population of the Tapajos River, Brazilian Amazon*, Int. Arch. Occup. Environ. Health, 73(3), 195–203.

Farella, N., Lucote, M., Louchouan, P. et Roulet, M., 2001, *Deforestation modifying terrestrial organic transport in the Rio Tapajos, Brazilian Amazon*, Organic Geochemestry, 32, 1443

Guimaraes, J.R.D., Meili, M., Hydlander, L.D., Castro, E.S., Roulet, M., Mauro, J.B.N. et Lemos, R.A., 2000, *Net mercury methylation in five tropical flood plain regions of Brazil: high in the rootzone of floating saprophytes mats but low in surface sediments and flooded soils*, The Science of Total Environment, 261(1/3), 99–107.

Guimaraes, J.R.D., Roulet, M., Lucotte, M. et Mergler, D., 2000, *Mercury methylation along lake forest transect in the Tapajos River floodplain, Brazilian Amazon: seasonal and vertical variations*, The Science of Total Environment, 261, 91–98.

Lebel, J., Mergler, D., Branches, F.J.P., Lucotte, M., Amorim, M., Larribe, F. et Dolbec, J., 1998, *Neurotoxic effects of low level*

methylmercury contamination in the Amazon Basin, Environmental
Research, 79(1), 20-32.

Lebel, J., Mergler, D., Lucotte, M., Amorim, M., Dolbec, J.,
Miranda, D., Arantès, G., Rheault, I. et Pichet, P., 1996, *Evidence
of early nervous system dysfunction in Amazonian population exposed
to lowlevels of methylmercury*, Neurotoxicology, 17(1), 157-168.

Lebel, J., Mergler, S., Lucotte, M. et Dolbec, J., 1996, *Mercury
contamination*, Ambio, 25(5), 374.

Lebel, J., Roulet, M., Mergler, D., Lucotte, M. et Larribe, F., 1997,
Fish diet and mercury exposure in a riparian amazonian population,
Water, Air, and Soil Pollution, 97, 31-44.

Mergler, D., 2003, *A tale of two rivers: a review of neurobehavioral
deficits associated with consumption of fish from the Tapajos River
(Para, Brazil) and the St. Lawrence River (Québec, Canada)*,
Environmental Toxicology and Pharmacology, sous presse.

Mergler, D., Bélanger, S., Larribe, F., Panisset, M., Bowler, R.,
Baldwin, M., Lebel J. et Hudnell, K., 1998, *Preliminary evidence of
neurotoxicity associated with eating fish from the Upper St. Lawrence
River Lakes*, NeuroToxicology, 19, 691-702.

Roulet, M., et al., 1998, *The geochemistry of Hg in the Central
Amazonian soils developed on the Alter-do-Chao formation of the
lower Tapajos River valley, Para state, Brazil*, The Science of Total
Environment, 223, 1-24.

Roulet, M., Guimaraes, J.R.D. et Lucotte, M., 2001, *Methylmecury
production and accumulation in sediments and soils of an Amazonian
floodplain effect of seasonal inundation*, Water, Air and Soil
Pollution, 128, 41-61.

Roulet, M., Lucotte, M., Canuel, R., Farella, N., Goch, Y.G.F.,
Peleja, J.R.P., Guimaraes, J.R.D., Mergler, D. et Amorim, M.,
2001, *Spatio temporal geochemistry of Hg in waters of the Tapajos*

and *Amazon rivers, Brazil,* Limnology and Oceanography, 46, 1158-1170.

Roulet, M., Lucotte, M., Canuel, R., Farella, N., Guimaraes, J.R.D., Mergler, D. et Amorim, M., 2000, *Increase in mercury contamination recorded in lacustrine sediments following deforestation in Central Amazonia,* Chemical Geogology, 165, 243-266.

Roulet, M., Lucotte, M., Canuel, R., Rheault, I., Farella, N., Serique, G., Coelho, H., Sousa Passos, C.J., de Jesus da Silva, E., Scavone de Andrade, P., Mergler, D., Guimaraes, J.R.D. et Amorim, M., 1998, *Distribution and partition of total mercury in waters of the Tapajos River basin, Brazilian Amazonia,* The Science of Total Environment, 213, 203-211.

Roulet, M., Lucotte, M., Farella, N., Serique, G., Coelho, H. et Sousa Passos, C.J., de Jesus da Silva, E., Scavone de Andrade, P., Mergler, D., Guimaraes, J.R.D. et Amorim, M., 1999, *Effects of human colonization of the presence of mercury in the Amazonian ecosystems,* Water, Air and Soil Pollution, 113, 297-313.

Roulet, J., Lucotte, M., Rheault, I. et Guimaraes, J.R.D., 2000, *Methalylmercury in the water, seston and epiphyton of the Amazonian River and its flood plains, Tapajos River, Brazil,* The Science of Total Environment, 261, 43-59.

Gestion du bétail et de l'agroécosystème dans le cadre de la lutte communautaire intégrée contre le paludisme (Afrique orientale)

Kabutha, C., Mutero, C., Kimani, V., Gitau, G., Kabuage, L., Muthami, L. et Githure, J., 2002, *Application of an ecosystem approach to human health in Mwea, Kenya: participatory methodologies for understanding local people's needs and perceptions,* Nairobi (Kenya), Centre international sur la physiologie et l'écologie des insectes (CIPEI).

Mutero, C.M., Kabutha, C., Kimani, V., Kabuage, L., Gitau, G., Ssennyonga, J., Githure, J., Muthami, L., Kaida, A., Musyoka, L., Kiarie, E. et Oganda, M., 2003, *A transdisciplinary perspective of the links between malaria and agroecosystems in Kenya*, Nairobi (Kenya), Centre international sur la physiologie et l'écologie des insectes (CIPEI).

Concours régional du CRDI et de la Fondation Ford sur les écosystèmes et la santé humaine (Moyen-Orient et Afrique du Nord)

Kishk, F.M., Gaber, H.M. et Abdallah, S.M., 2003, *Environmental health risks reduction in rural Egypt: a holistic ecosystem approach*, communication présentée à la quatrième conférence annuelle du Global Development Network, Le Caire, Égypte, 15-21 janvier 2003. **www.gdnet.org/pdf/Fourth_Annual_Conference/ Parallels4/GlobalizationHealthEnvironment/ Kishk_paper.pdf**

Amélioration du mieux-être humain par la gestion du bétail et des ressources naturelles (Hautes Terres de l'Afrique orientale)

Jabbar, M.A., Mohammed Saleem, M.A. et Li-Pun, H., 2001, « Evolution towards transdisciplinarity in technology and resource management research: the case of a project in Ethiopia », *in* Klein, J.T., Grossenbatcher-Mansuy, W., Haberli, R., Bail, A., Scholz, R. et Myrtha Welti, A. (dir.), *Transdisciplinarity: joint problem solving among science, technology and society*, Basel (Suisse), Birkhauser, p. 172-167.

Jabbar, M.A., Peden, D., Mohamed Saleem, M.A. et Li-Pun, H. (dir.), 2000, *Agroecosystems, natural resources management and human health related research in East Africa: proceedings of an international workshop held at ILRI, Addis Ababa, Ethiopia, 11-15 May 1998*. Addis Abeba (Ethiopie), ILRI. 254 p.

Jabbar, M.A., Tekalign, M. et Mohamed Saleem, M.A., 2000, « From plot to watershed management: experience in farmer participatory Vertisol technology generation and adoption in the Ethiopian Highlands », *in* Syers, J K., Penning de Vries, F.W.T. et Nyamudeza, P. (dir.), *The sustainable management of vertisols: IBSRAM Proceedings No. 20,* Wallingford (R.-U.), CAB International.

Okumu, B., Jabbar, M.A., Coleman, D. et Russel, N., 1999, *Water conservation in the Ethiopian Highlands: application of a bioeconometric model,* communication présentée à la réunion du Human Dimensions of Global Environmental Change Research Community, 24-26 juin, Tokyo (Japon).

Okumu, B., Jabbar, M.A., Coleman D., Russel, N., Mohammed Saleem, M.A. et Pender, J., 2000, *Technology and policy impacts on economic performance, nutrients flows and soil erosion at the watershed level: the case of Ginchi in Ethiopia,* communication présentée à la conférence 2000 du Global Development Network, 11-14 décembre, Tokyo (Japon).

Santé dans les écosystèmes urbains (Népal)

National Zoonoses and Food Hygiene Research Centre, 1999, *Urban ecosystem health status in Ward 19-20 of Kathmandu.* Katmandou (Népal), National Zoonoses & Food Hygiene Research Centre.

Publications techniques du National Zoonoses and Food Hygiene Research Centre et SAGUN, Katmandou (Népal):

➤ Tamang, B., 1999, *Introduction to PAR-urban ecosystem health project and preliminary action plan.*

➤ Tamang, B., 1999, *Stakeholder's action plan and monitoring.*

➤ *REFLECT manual.*

➤ *Gender sensitization training manual.*

➤ *Urban ecosystem health awareness manual.*

➤ *Animal slaughtering and meat marketing practices in Nepal.*

➤ *Urban echinococosis in health transition in Nepal*

Gestion des ressources environnementales dans les communautés Mapuche

Duran Pérez, T., 2002, « Antropologia interactiva: un estilo de antropologia aplicada en la IX Region de La Araucania, Chile », *in* CUHSO: *cultura, hombre y sociedad,* Temuco (Chili), Centro de Estudios Socioculturales, Universidad Catolica de Temuco, p. 23–57.

Duran Pérez, T., Carrasco, N. et Prada, E., 2002, *Acercamientos metodologicos hacia pueblos indigenas. Una exeriencia reflexionada desde La Araucania, Chile,* Temuco (Chili), Centro de Estudios Socioculturales, Universidad Catolica de Temuco.

Santé de l'écosystème (Tanzanie)

Kilonzo, B.S., Mvena, Z.S.K., Machangu, R.S. et Mbise, T.J., 1997, *Preliminary observations on factors responsible for long persistence and continued outbreaks of plague in Lushoto District, Tanzania,* Acta Tropica, 68, 215–227.

Santé humaine et évolution technologique de la production de la pomme de terre dans le système agro-écologique des hautes terres de l'Équateur

Anger, W.K., Liang, Y.-X., Nell, V., Kang, S.-K., Cole, D.C., Bazylewicz-Walczak, B., Rohlman, D.S. et Sizemore, O.J., 2000, *Lessons learned: 15 years of the* WHO-NCTB, Neurotoxicology, 21, 837–846.

Antle, J., Stoorvogel, J., Bowen, W., Crissman, C.C. et Yanggen, D., 2003, *Making an impact with impact assessment: the tradeoff analysis approach and lessons from the tradeoff project in Ecuador*, Quarterly Journal of International Agriculture, sous presse.

Basantes, L., 1999, *Reunion con grupo de mujeres, San Francisco de la Libertad. Sistematizacion, analisis e interpretacion de resultados*, San Gabriel (Équateur), CIP-INIAP.

Basantes, L., Lopez, M. et Sherwood, S., 2000, *Eco-Salud: case study on pesticide impacts in Carchi*, communication présentée pour la Andean Course on Ecologically Appropriate Agriculture, 9 octobre 2000, DSE/Allemagne.

Basantes, L. et Sherwood, S., 1999, *Health and potato production in Carchi*, communication présentée à la deuxième réunion internationale du Global Initiative on Late Blight, 4–8 mars 1999, Quito (Équateur).

Berti, P., Cole, D.C. et Crissman, C., 1999, *Pesticides and health in potato production in highland Ecuador*, communication présentée à l'atelier sur l'approche écosystémique de la santé humaine, novembre 1999, Ottawa (Ontario, Canada), CRDI/SCSI.

CIP/INIAP, 1999, *Impactos del uso de plaguicidas en al salud, produccion y medio ambiente en Carchi*, Compendio de Investigaciones, Conferencia del 20 de octubre de 1999, Hostería Oasis, Ambuquí.

Cole, D.C., Sherwood, S., Crissman, C.C., Barrera, V. et Espinosa, P., 2002, *Pesticides and health in highland Ecuadorian potato production: assessing impacts and developing responses*, International Journal of Occupational and Environmental Health, 8, 182–190.

Crissman, C.C., 1999, *Impactos economicos del uso de plaguicidas en el cultivo de papa en la Provincia de Carchi*, Quito (Équateur), CIP-INIAP.

Crissman, C.C., Yanggen, D. et Espinosa, P. (dir.), 2002, *Los plaguicidas: impactos en production, salud, y medio embiente en Carchi, Ecuador*, Quito (Équateur), Abya Yala, 215 p.

Espinosa, P., 1999, *Estudio de línea base sobre el conocomiento y manejo de los pesticidas en el Carchi*, Quito (Équateur), CIP-INIAP.

McDermott, S., Cole, D.C., Krasevec, J., Berti, P. et Ibrahim, S., 2002, *Relationships between nutritional status and neurobehavioural function: implications for assessing pesticide effects among farming families in Ecuador*, affiche présentée à la First Annual Global Health Research Conference: Achieving Leadership in Global Health Research, 3–4 mai 2002, Toronto (Ontario, Canada), University of Toronto.

Mera-Orcés, V., 2000, *Agroecosystems management, social practices and health: a case study on pesticide use and gender in the Ecuadorian highlands*, Ottawa (Ontario, Canada), CRDI, rapport technique, 39 p.

Mera-Orcés, V., 2001, *Paying for survival with health: potato production practices, pesticide use and gender concerns in the Ecuadorian highlands*, Journal of Agricultural Education and Extension, 8(1).

Paredes, M., 2001, *We are like fingers of the same hand: a case study of peasant heterogeneity at the interface with technology and project intervention in Carchi, Ecuador*, Pays Bas, Wageningen University, thèse, 189 p.

Sherwood, S. et Basantes, L., 1999, *Papas, pests, people, and power: addressing natural resource management conflict through policy interventions in Carchi, Ecuador*, communication présentée à la conférence Ruralidad Sostenible Basada en la Participacion Ciudadana, 13–15 octobre 1999, Zamorano (Honduras).

Sherwood, S. et Larrea, S., 2001, *Participatory methods: module for the MSc program in community-based natural resource management*, Pontificate Catholic University of Ecuador, 53 p.

Sherwood, S., Nelson, R., Thiele, G. et Ortiz, O., 2000, *Farmer field schools in potato: a new platform for participatory training and research in the Andes*, ILEA, 6 p.

Thiele, G., Nelson, R., Ortiz, O. et Sherwood, S., 2001, *Participatory research and training: ten lessons from farmer field schools in the Andes*, Currents (Swedish University of Agricultural Sciences), 27, 4-11.

Viteri, H., 2000, « Efectos neuropsicologicos del uso de plaguicidas en el Carchi », *in* INIAP et CIP (dir.), *Herramientoa de aprendizaje para facilitadores*, Quito (Équateur), INIAP/CIP.

Yanggen, D., Crissman, C.C. et Espinosa, P. (dir.), 2002, *Los plaguicidas: impactos en producción, salud, y medio ambiente en Carchi, Ecuador*, Quito (Équateur), Abya Yala, 215 p.

Impact de petites raffineries d'or sur l'environnement et la santé humaine en Équateur

Funsad, 2001, *A pequeña mineria del oro: impactos en el ambiente y la salud humana en la cuenca del puyango, sur del Ecuador*, Ottawa (Ontario, Canada), CRDI, rapport final, 268 p.

Exposition au manganèse chez la population générale résidant dans une région minière (Mexique)

Rodriguez, H.R., Rios, C., Rodriguez, Y., Rosas, Y., Siebe, C., Ortiz, B., 2002, *Impacto sobre la salud del ecosistema por las actividades antropogénicas en una cuenca manganesífera: avance de resultados, temporada de secas*, ISAT, 66 p.

Indicateurs de rendement environnemental/social et marqueurs de la durabilité en exploitation minière

Echavarría Usher, C., 2003, « Mining and indigenous peoples: contributions to an intellectual and ecosystem understanding of health and well-being », *in* Rapport, D.J., Lasley, W.L., Rolston,

D.E., Nielsen, N.O., Qualset, C.O., Damania, A.B. (dir.), Managing for healthy ecosystems. Boca Raton (FL, É.-U.), Lewis Publishers, chapitre 86, p. 863-880.

Maclean, C., Warhurst, A., Milner, P., 2003, « Conceptual approaches to health and well-being minerals development: illustrations with the case of HIV/AIDS in southern Africa », in Rapport, D.J., Lasley, W.L., Rolston, D.E., Nielsen, N.O., Qualset, C.O., Damania, A.B. (dir.), Managing for healthy ecosystems. Boca Raton (FL, É.-U.), Lewis Publishers, chapitre 85, p. 843-862.

Mergler, D., 2003. « Integrating human health into an ecosystem approach to mining », in Rapport, D.J., Lasley, W.L., Rolston, D.E., Nielsen, N.O., Qualset, C.O., Damania, A.B. (dir.), Managing for healthy ecosystems. Boca Raton (FL, É.-U.), Lewis Publishers, chapitre 87, p. 881-890.

MERN (Mining and Energy Research Network), 2002, *Environmental and social performance indicators (ESPIs) in minerals development*, rapport final : Department for International Development (DFID) and Mining and Energy Research Network (MERN) Club of Sponsors, Warwick (R.-U.), University of Warwick.

Noronha, L., 2001, *Designing tools to track health and well-being in mining regions of India*, Natural Resources Forum, 25(1), 53-65.

Noronha, L., 2003, « A conceptual framework for the development of tools to track health and well-being in a mining region: report from an Indian study », in Rapport, D.J., Lasley, W.L., Rolston, D.E., Nielsen, N.O., Qualset, C.O., Damania, A.B. (dir.), Managing for healthy ecosystems, Boca Raton (FL, É.-U.), Lewis Publishers, chapitre 88, p. 891-904.

Écosystème urbain et santé humaine à Mexico

Secretaría del Medio Ambiente, 2001, *Ecosistema urbano y salud de los habitantes de la zona metropolitana del Valle de México*, Washington (DC, É.-U.), Banque mondiale; Mexique, Gouvernement du Mexique, 100 p. **www.sma.df.gob.mx/publicaciones/aire/ ecosistema_urbano/ecosistema.htm**

Mexico Air Quality Management Team, 2002, *Improving air quality in metropolitan Mexico City: an economic caluation*, Washington (DC, É.-U.), Banque mondiale, Policy Research Working Paper 2785.

Rosales-Castillo, J.A., Torres-Meza, V.M., Olaiz-Fernández, G. et Borja-Aburto, V.H., 2001, *Los efectos agudos de la contaminación del aire en la salud de la población evidencias de estudios epidemiológicos*, Salud Publica Mexico, 43, 544-555. **www.insp.mx/ salud/43/436_5.pdf**

Cicero-Fernandez, P., Torres, V., Rosales, A., Cesar, H., Dorland, K., Muñoz, R., Uribe, R. et Martinez, A.P., 2001, *Evaluation of human exposure to ambient PM10 in the metropolitan area of Mexico City using a GIS-based methodology*, Journal of the Air and Waste Management Association, 51, 1586-1593

Indicateurs de la santé dans l'écosystème urbain (Cuba)

Bonet, M., Yassi, A., Más, P., Fernández, N., Spiegel, J.M. et Concepción, M., 2001, *Action research in Central Havana: the Cayo Hueso project*, communication présentée à la 129e réunion annuelle du American Public Health Association, 21-25 octobre 2001, Atlanta (GA, É.-U.).

Fernandez, N., Tate, R., Bonet, M., Canizares, M., Más, P. et Yassi, A., 2000, *Health-risk perception in the inner city community of Centro Habana, Cuba*, International Journal of Occupational and Environmental Health, 6, 34-43.

Spiegel, J.M., 2002, *Applying the ecosystem approach to human health*, communication présentée à la International Population Health Conference, mai 2002, Havana (Cuba).

Spiegel, J.M., Beltran, M., Chang, M. et Bonet, M., 2000, *Measuring the costs and benefits of improvements to an urban ecosystem in a non-market setting: Conducting an economic evaluation of a community intervention in Centro Habana, Cuba*, communication présentée à la conférence du International Society for Ecological Economics, 5–7 juillet 2000, Canberra (Australie).

Spiegel, J.M., Bonet, M., Yassi, A., Más, P. et Tate, R., 2001, *Social capital and health at a neighborhood level in Cuba*, communication présentée à la 129e réunion annuelle du American Public Health Association, 21–25 octobre 2001, Atlanta (GA, É.-U.).

Spiegel, J.M., Bonet, M., Yassi, A., Más, P., Tate, R. et Fernandez, N., 2002, *Action research to evaluate interventions in Central Havana*, communication présentée à la 9e Conférence canadienne sur la sante internationale, 27–30 octobre 2002, Ottawa (Ontario, Canada).

Spiegel, J.M., Bonet, M., Yassi, A., Molina, E., Concepción, M. et Más, P., 2001, *Developing ecosystem health indicators in Centro Havana: a community-based approach*, Ecosystem Health, 7(1), 15–26.

Spiegel, J.M., Bonet, M., Yassi, A., Tate, R., Concepción, M. et Más, P., 2001, *Evaluating health interventions in Centro Habana*, communication présentée à la 128e réunion annuelle du American Public Health Association, 12–16 novembre, Boston (MA, É.-U.).

Spiegel, J.M., Yassi, A., Bonet, M., Concepcion, M., Tate, R.B. et Canizares, M., 2003. *Evaluating the effectiveness of interventions to improve health in the inner city community of Cayo Hueso*, International Journal of Occupational and Environmental Health, sous presse.

Spiegel, J.M., Yassi, A. et Tate, R., 2002, *Dengue in Cuba: mobilisation against Aedes aegypti*, The Lancet, Infections Diseases, 2, 204–205.

Tate, R.B., Fernandez, N., Canizares, M., Bonet, M., Yassi, A. et Más, P., 2000, *Relationship between perception of community change and changes in health risk perception following community interventions in Central Havana*, communication présentée à la 129ᵉ réunion annuelle du American Public Health Association, 21-25 octobre 2001, Atlanta (GA, É.-U.).

Tate, R.B., Fernandez, N., Yassi, A., Canizares, M., Spiegel, J. et Bonet, M., 2003, *Changes in health risk perception following community intervention in Centro Habana*, Health Promotion International, sous presse.

Yassi, A., Fernandez, N., Fernandez, A., Bonet, M., Tate, R.B. et Spiegel J., 2003, *Community participation in a multi-sectoral intervention to address health determinants in an inner city community in Central Havana*, Journal of Urban Health, sous presse.

Yassi, A., Más, P., Bonet, M., Tate, R.B., Fernández, N., Spiegel, J. et Pérez, M., 1999, *Applying an ecosystem approach to the determinants of health in Centro Havana*, Ecosystem Health, 5(1), 3-19.

Recommandations et orientations

Pour la recherche en ÉcoSanté, le CRDI s'est régulièrement lié à d'autres organisations. On trouvera sur leurs sites web plus de renseignements :

Agence canadienne de développement international (ACDI) : **www.acdi-cida.gc.ca**

Banque mondiale : **www.worldbank.org**

Environment and Sustainable Development Unit, Faculty of Agriculture and Food Sciences, American University of Beirut : **staff.aub.edu.lb/~webeco/ESDU**

Instituto Nacional de Salud Publica (Méxique) : **www.insp.mx**

John E. Fogarty International Centre for Advanced Study In the Health Sciences (É.-U.) : **www.fic.nih.gov**

National Institutes of Health (É.-U.) : **www.nih.gov**

Organisation mondiale de la Santé : **www.who.int**

Pan American Health Organization : **www.paho.org**

Programme des Nations unies pour l'environnement : **www.unep.org**

Special Programme for Research and Training in Tropical Diseases, Organisation mondiale de la Santé : **www.who.int/tdr**

Université du Québec à Montréal (Canada) : **www.uqam.ca**

University of Guelph (Canada) : **www.uoguelph.ca**

L'Éditeur

Le Centre de recherches pour le développement international est une société d'État créée par le Parlement du Canada, en 1970, pour aider les chercheurs et les collectivités du monde en développement à trouver des solutions viables à leurs problèmes sociaux, économiques et environnementaux. Le Centre appuie en particulier le renforcement des capacités de recherche indigènes susceptibles d'étayer les politiques et les technologies dont les pays en développement ont besoin pour édifier des sociétés plus saines, plus équitables et plus prospères.

Les Éditions du CRDI publient les résultats de travaux de recherche et d'études sur des questions mondiales et régionales intéressant le développement durable et équitable. Les Éditions du CRDI enrichissent les connaissances sur l'environnement et favorisent ainsi une plus grande compréhension et une plus grande équité dans le monde. Le catalogue des Éditions du CRDI contient la liste de tous les titres disponibles (voir **www.crdi.ca/booktique/ index_f.cfm**).